巷子口的賈伯斯

「排隊」行銷的人間劇場

點時成金的秘密

無需重大改變，只需調整心態與複製技術，成功 行銷其實有軌跡可循！
一個再簡單不過的小吃攤發跡故事，
讓你徹底釐清「需求VS.價值」間的奇妙互 動。
從一篇篇的故事情節與人物對話中，你將擷取到 最寶貴的黃金行銷術……

邢憲生、丁肇玢 合著

▼前言

時間價值的真相

創造蘋果公司產品銷售奇蹟的賈伯斯（Steve Jobs）一直信奉一句來自福特汽車創辦人Henry Ford的名言「如果我問顧客想要什麼，他們可能會說自己想要一匹快馬。」事實上，想從客戶那邊知道他們行動背後的真正意圖及動機，不是靠問的就能獲得，因為說出自己想要什麼是一種表面的意識行為，它會被個人及周遭種種的情況及原因給扭曲，相信自己所聽到的並且有所因應，只是把自己當作不用大腦的白癡。唯有事先洞悉那些隱而未顯的個人需求及影響因素，再觀察人們的行動，才能吸引到為自己的產品或服務排隊而來的客戶。

曾有一次在飛機上看到一部短片，內容是在描述日本人如何為了要買或是吃一樣東西，而不計時間成本的大排長龍。其中有一個很誇張的例子是，許多人會在氣溫低於攝氏零度以下的雪地中站一個晚上，只為了能

preface

前言

在第二天一早店鋪開門時，買到一盒每年出售一次的限量和菓子。

由於數量有限，雖然購買的隊伍長度可排到一、兩公里外，但是實際上有機會能買到的人龍長度，可能不會超過三百公尺。其餘那些「陪榜」的客戶，雖然被店家告知買到的機會是微乎其微（除非前面有人放棄不買了），但大多數人依然勇敢地站在冷冽的寒風中耐心等待。他們一面喝著店家奉上的熱茶，一面相互分享之前吃到和菓子的美妙經驗，雖然到最後，等待的人們可能還是難遂心願，但是除了聊勝於無地採購其他貨品來充充數外，絕大多數的人仍告訴採訪者，明年這個時候他們會更早一點來排隊，以償宿願，其決心之強，令人印象深刻。

在影片中，主持人並未明示為什麼這些人會那麼熱衷排隊？但是從人群中的對話，以及訪問的內容中可以了解，除了少數因別人的推薦或是自己無意中發現訊息的人外，大部份在排隊的人都是老客戶。也就是說，除了享受時的美好經歷外，需要花許多時間排隊的痛苦經驗，也早已存在這些人的記憶中。儘管如此，這些人依然年年樂此不疲地排著隊。因為他們知道，在漫長的等待之後，期望中的美味或是物品將可再次為自己所擁有，而等待就變成了之後享受產品時最好的調味料。

忍受排隊之苦，只為滿足一份期望

其實不只是日本人，在全世界的各個角落中，都有許多的排隊健將，不辭辛苦的為了買東西、吃美食、搶便宜、等機會、追偶像、進寺廟祈福、等等不同的目的，而排上很久的隊。這些人少則花上幾十分鐘，多的可以排上幾天甚至三、四個禮拜以上的隊，只為了滿足自己心中的一個期望。

如果等待是一種可以忍受的過程，那為什麼在許多場合，像是洶湧的人潮中排隊買返鄉的車票、在大排長龍的商店結帳區結帳、塞在擁擠的車陣中動彈不得、枯等已約好時間卻遲到多時的同事，期望自己發表的相片或文章被按「讚」之類的，等待卻又變成了不可忍受的折磨？身處其中的人們在過程中等待的時間愈長，心中的不平、不滿就會愈多，對結果的負面反應就會愈強。事實上，在某些環境裡，人們對於等待，不論時間的長短，都會顯示出極端的不耐煩。此時任何一個不經意的磨擦，都可能讓當事者失控，甚至做出不合理性的傷人行為。

面對這種容忍度上的矛盾，我們可以說，時間在整個過程中其實扮演了類似做菜中「調味料」的角色。為了某些原因，人們願意花費寶貴的時間去做漫長的等待，此時，人生的菜色因時間的加入而變得更加津津有味，但是人們也會因為某些原因，無法忍受任何短暫的等待，此時因時間上的影響，反而讓最終的結果變得更加難以接受。

對品牌忠貞不二，來自美好經驗與記憶

如果，我們把矛盾現象上的分析與了解，由個人的領域延伸到企業運作中的考量，那我們可不可在創業之初，或是在規劃新產品、新服務時，就預先找到其中的奧妙，並且運用時間這個元素來提高創業成功的機會，增加所提供服務及商品對客戶的價值，同時避免因為時間的加入而可能產生的負面影響？

其實讓顧客付諸行動，驅動人們花時間以獲得某樣東西或享受某種服務的原因，從來就不完全是東西或服務的本身。它多半來自於顧客自己之前美好經驗所產生的記憶，或是因為他人的推薦所引起的期望而產生的。同樣的，過去對這件事情的負面記憶，以及他人不好的相關經歷，也會讓我們降低意願或是產生負面的期望，甚至阻止我們去重蹈覆轍。

這就好比追星族為了自己過去美好的經驗，願意漏夜排隊買票，進場看自己的偶像表演，期待以此再次地強化自己已有的回憶。但是，如果過程中自己遭受到無禮且不公平的對待，產生不好的經驗，那麼下次想要讓他再去排隊的動機必會大打折扣，或許乾脆再也不去了……。

由於人們自發行動的根源來自於個人內在的動機，而動機大小則發自於是否滿足個人不同的需求與欲望，因此每個人對結果的滿意與否，和過程中所引發的相關記憶、期望、及經驗，以及彼此之間的落差產生了密切的關係。

發揮調味料功效，時間變成消費的誘因

一般說來，經驗是個人對結果的當下感覺，它和個人投入時間的多寡以及原先的期望息息相關。在經過時間的洗禮以及主觀上的解讀後，它就變成了個人的特有記憶。而根據個人及他人的記憶產生對行動結果的特定想法，就形塑了個人的期望。對於如何在過程中照顧到每個人的記憶、期望、與經歷，讓時間的因素站在對自己有利的一方，就成為提供產品與服務時最重要的課題。

有關個人不同的需求與欲望，主要分成財富、心靈、形體、關係及自尊／自信心等五大類。若主動追求或等待的目的是屬於這些類別，而且這些目的對自己而言又是十分的重要，那麼時間在其中就起了推波助瀾的功用。也就是說，人們追求或等待這些目的的時間愈多，愈會珍惜最後的結果。即使最終排隊或等待的結果並不符合我們的期望，我們在當時或許會有些許的失望，但是未能獲得滿足的悵然反而會激起我們未來更想要得到的意志。這種得不到的就是好的心態，或許就是那些排隊健將們年復一

年繼續堅持排下去的動機。

然而，如果我們排隊或等待的目的並不清楚，追求的目的又不屬於這五大類別，甚至是被迫而非自願的，那麼時間的投入反而會變成我們對結果不滿意的催化劑。而且等待的時間愈多，花費的時間成本愈大，個人對過程會因情緒上的不公平感而愈不耐煩。此時，即使最終結果以客觀來講是差強人意，但在我們主觀的評估下，是絕對不可能讓我們滿意的。因此，如何洞察出客戶內心的需求，將時間變成對自己產品或服務的有利因素，發揮如做菜中調味料般角色，就是本書的主要訴求。

人潮排隊的秘密，紅豆餅時間價值方程式

在本書的故事中，心灰意冷、受盡挫折的行銷職員艾文，因為友人的強力推薦而蹺班去巷子口購買事後認為味道並不特別的炭烤紅豆餅。在一個多小時的等待過程中，艾文思考，如果「時間就是金錢、就是生命」的說法是正確的，那麼旁邊這些興高采烈地跟自己一起排隊的人，應該是

為了生命中極為重要的原因，才願意主動地做如此的犧牲，但是紅豆餅有什麼了不起的，會對他們產生如此重要的影響？

在百思不得其解的情形下，艾文再度拜訪了那個紅豆餅的攤子。在錯失數次機會後，他終於和擺攤的紅豆餅老人有了更直接的互動。在後續的思考及請益過程中，艾文領悟了老人累積多年經驗的獨門心法「紅豆餅時間價值方程式」，一個讓他的小攤子長年有大批人潮排隊的秘密。

藉由實際的運用，艾文發現這套心法不但可以用在產品或服務的訴求、定位、與銷售上，對於許多想創業的人在訂定目的與選擇適當手法時，也有著畫龍點睛的效果。事實上，藉由心法中的原則艾文可以有根據地判斷出，產品或服務是否有可能造成排隊的人潮。而這一切，他發現，其實早就是許多成功企業人士的不傳之祕……。

▼推薦序

了解顧客真正需求，成功銷售的秘密

我和作者之一丁肇玢先生相識近三十年，多年前，當他還任職工程師的時候，我就發現他是一位思考縝密、會積極解決問題的同事。他善於與人溝通分享，是一位充滿領導氣質的夥伴，雖然是理工背景出身，但我從旁觀察他的人格特質及待人處事，認為他確實有潛力成為一位優良的行銷及管理人才。

在一次偶然的機會，丁先生從美國回到亞洲，開始他的行銷人職業生涯。從一開始的嘗試到證明自己的才能，他在管理及行銷的道路上已經走了超過十五年的時間，也算是找到了人生的另一個目標。

在本書中，作者針對一些讓許多人願意花時間排隊購買的好產品，探討顧客購買行為及其受歡迎背後的真正原因。這些潛藏的購買原因大多都是屬於顧客心理的層面，而非完全可用售價或其他單一因素來衡量；客戶的真正意圖及需求，也不是銷售人員可用簡單的詢問方式獲悉的。成功銷售的第一步，就是要搏得客戶信任，建立長久的關係，洞察顧客潛在的、真正的需求，這也需要長時間耕耘，絕非一蹴可及的。

本書作者以說故事的方式，引導銷售人員敏感地察覺到顧客隱而未顯的需求及影響因素，順利走向成功的銷售。這是一本充滿行銷智慧及經驗的好作品，我認為有志於行銷及銷售的職場人員，都可從本書中獲得啟發，進而邁出成功銷售的步伐。

前飛斯卡爾半導體亞洲區榮譽主席及前摩托羅拉半導體高級副總裁／亞太區總經理．姚天從（Joe Yiu）

▼推薦序

點「時」成金，創造成功的秘密

若說「時間就是金錢」，那麼如何主動投入，用心地去探索並了解客戶願意花長時間等待的真正需求意圖及動機，對企業的成功銷售與提供的周到服務，就格外顯得重要，也就能因而創造出企業意料之外的相乘經營效益！

眾所周知，大家耳熟能詳蘋果電腦創辦人之一的賈伯斯（Steve Jobs），最早是從他自家車庫（garage）發跡的，他也一直深信「唯有事先洞悉顧客隱而未顯的需求與影響因素，並進行顧客行為觀察，才能讓自家產品及服務吸引顧客青睞，願意等待並長期愛用」這個信念，於是乎，他創立了舉世聞名的蘋果公司，並且屢創銷售奇蹟。

本書即是藉由一位工作上受挫且心灰意冷的業務銷售員艾文與其同

事詹姆士，因緣際會觀察到一個名不見經傳，長年在巷子口擺攤販賣炭燒紅豆餅老人的傳統「價格 vs 需求」銷售傳奇；透過面對面的接觸、相互的腦力激盪，因而延伸出「紅豆餅時間價值方程式」。他們將紅豆餅老人長年累積，讓顧客甘心情願花長時間等待購買的「秘密武器」概念，在實際操作過後發現，這些概念同樣可以應用到B2B，甚或是B2C的產品與服務的訴求、定位、銷售等，提供給企業經營者或個人創業者，在推廣商品的行銷手法上，發揮「點『時』成金」的關鍵效益。

大同公司的經典長青產品「大同電鍋」，創始於一九六〇年，至今已有超過半世紀以上的悠久歷史，不但開啟國人的米食烹煮新文化，也一路陪伴無數家庭的團圓維繫，更讓出國深造的學子或旅居在外的華人，增添一解思鄉的懷念滋味。雖然大同電鍋在外觀與功能設計、品牌行銷上做持續創新變化，但大同對於電鍋創始的「圓滿・團圓」初衷，始終堅持，這也是大同「點『時』成金」的驕傲！

此次有機會應丁肇玢先生之邀為新書作序，深感榮幸！希望大家在閱讀過這本以故事性方式展現的敘事圖書後，可以為自己在工作上、創業上激發出更多不同的創新思維，找出自己或公司企業「點『時』成金」，創造成功的秘密。

大同股份有份公司董事長．林蔚山

目錄
CONTENTS

目錄

CONTENTS

目錄

CONTENTS

24

製造正向口碑，消費者心意任你左右。

產品的求新求變，創造客戶的口碑才是行銷的王道。一味地製造銷售假象只是飲鴆止渴，客戶的信任感一旦流失，你失去的恐怕是永遠都難以追回的代價。好比重視短利的生意人是無法培養出忠誠的客戶群，一旦客戶發現產品的價值低於付出的代價，他們就會一去不返。

178

25

「時間」不等人，銷售亦是如此……

業務員需以「時間就是金錢」為念，在拜訪客戶時絕不遲到也不找藉口。如遭遇不可抗拒的因素恐怕會遲到時，更要趕在約會前去電致歉。請謹記，不是我們說了什麼，而是我們做了什麼？遲到就是一種不尊重，沒有任何藉口可以搪塞。

184

26

熬夜、拚酒與客戶搏感情？byebye……

沒有健康的身心，就不會有健康的人生與職涯。優質銷售員的銷售行為會以顧客及自己的健康為要務。健康的身心才能確保生意做得長長久久。

190

QUALITY

01

最佳銷售良藥，高品質說了算！

Quality

品質 1

銷售其實沒有什麼特殊的方法，「品管」就是最靈驗的補藥；可以形成消費者大排長龍的產品必定是：持續保有一定的好品質，具有吸引消費者的獨到之處，在限時、限量的銷售模式中，依舊維持一定的產品（服務）品質。

「碰！」剛從主管辦公室出來的艾文將手中的資料夾重重地摔在辦公桌上。

「怎麼回事？」同事琳達抬頭看他，表示關心。

「又吃了老闆的一頓排頭。」艾文嘆了一口氣。

「他覺得我做的新品推廣及銷售計劃不夠吸引人，要我重做。可是產品在下個月就要上市推出，我哪有那麼多時間重新規劃？到最後還不是急就章地亂槍打鳥！只是這一次他要我負所有的成敗責任，真傷腦筋。」

「欸，你這次可別再出紕漏，要我幫你擦屁股喔。」剛走進辦公室，手中拿著一個褐色大紙袋的詹姆士，沒頭沒腦地忽然冒出這一句話。

「你有點同情心好不好？人家正在沮喪，你還落井下石！」琳達在旁打抱不平。

「好、好、好，是我不對！來，送妳一個剛出爐的紅豆餅。」詹姆士接著從紙袋中拿出一個熱騰騰的紅豆餅，諂媚地遞給琳達。

「那他呢？！」琳達指著艾文，「他怎麼沒有？」

「這可是我排隊等了一個多小時好不容易才買到的，我自己都不夠吃呢！」詹姆士斜眼覷著艾文。

「這樣好了，只要你這次能保證客戶不會再打電話來罵人，抱怨產品有多難賣，退貨一堆，我就送一個給你吃。」

「你很過份ㄟ，送一個紅豆餅就要求這麼多。再說，產品又不是艾文設計的，他哪知道這個東西好不好賣？」琳達抗議說道。

「好啦，沒關係，反正我對紅豆餅也不是很有興趣，你們就別鬥嘴了。」艾文心煩地打斷了大家的對話，回到自己的座位。

其實艾文也了解詹姆士的為難。身兼公司的銷售及售後服務的工作，詹姆士無法選擇販售的商品。只能順著艾文的規劃，在既定的價格、定位、訴求、促銷模式上想辦法將產品成功推銷出去。

還記得上一回，艾文依照高層的意思，將新品定位在「功能比競爭對手更優質、價格更平實」的訴求上，結果消費者不買單，害得經銷商在積了一大堆存貨後又忙著退貨。雖然事後檢討，錯不在詹姆士及艾文身上，但依舊被主管數落了好幾頓，抱怨他們的無能。這次，主管變聰明了，他先要求艾文得扛起所有責任，想來這次萬一又失敗，自己肯定是無法全身而退了。

此時，一個擺在眼前的紅豆餅打斷了艾文的思路。

「兄弟，剛剛是開玩笑的啦！」詹姆士拍著艾文的肩膀。

「我也知道不能完全怪你。假如我們的客戶能像排在紅豆餅攤子旁的那一大串顧客一樣有強烈的渴望，並且願意耐心等待得一爐一爐烘烤的紅豆餅，那我們就高枕無憂了。」

「你剛剛說，這是排了一個多小時才買到的紅豆餅，真有這麼好吃嘛？」端詳著手中這個小小圓圓、黃褐色，俗稱『車輪餅』的東西，艾文不禁好奇起來。

「這難道有什麼獨門秘方？」他咬了一口，內部濃郁的紅豆餡隨著軟軟透明的麵皮擠壓，緩緩流出。

「還好嘛……口感還算OK啦，怎麼被你講的那麼神？」

「這你就不識貨了。」琳達白了艾文一眼。

「住在那附近的人誰不知道紅豆餅老伯的『炭烤脆皮紅豆餅』堪稱地方一絕，別家賣的就是比不上。由於是限量生產且不接受預購，所以若不排隊至少等個一小時，這是絕對不容易買到的。我之前也曾經排過近兩個小時的隊伍喔，而且還差點因為老伯提早打烊而買不到，幸好最後那一爐是我的。」詹姆士邊吃邊解釋。

「可是這外皮並不酥脆啊！」艾文質疑。

「那是因為我買多了，當場吃不完才打包帶回來的，餅皮早就因為吸水變潮了。不然哪有你的份？！」

「真的……」

Loyalty

02

願者上鉤，忠誠度最高。

沒有商品能夠討好所有人，必須做出成功的區隔定位：利用時間來建立口碑。產品一旦建立口碑，老主顧及躍躍欲試的新客戶就會開始蜂擁而至；一旦品質衰退，口碑也將隨之消失不見。

站在等待的人群中，艾文有些困擾。按道理說，現在是上班時間，應該不會有這麼多閒人無所事事地在這裡排隊才是，這是怎麼一回事呢？

其實前兩天當艾文從同事那裡知道有這麼一個吸引人潮的紅豆餅攤子時，他就在隔天下班回家時，刻意繞過來看看這個攤子。據同事表示，攤子位在銀行旁邊的巷子口。可是當艾文經過那個地點時，並沒有看到排隊的人潮。事實上，他根本連攤子都沒看到……。

第二天，在問過詹姆士之後，艾文才知道，這個攤子只有在每週的一、三、五下午兩點到五點才會出來擺攤。而且因為攤子的主人年紀很大，當天會不會準時開張也很難說。詹姆士特別強調，紅豆餅老伯是位性情中人，在擺攤的這幾十年中，喜歡他的人固然不在少數，但是討厭他的也大有人在。主要是老伯堅持原則，不管生意多好，他堅持只用炭火烤一爐紅豆餅，不但速度慢，而且光是生火準備就要花上半個小時，實在令人抓狂。也就是說，顧客願不願意等，全看自己想要從他那裡得到什麼，這部份老伯是絕對不妥協的。

為了確定不會錯過開店時間，也希望能排在隊伍的最前面，艾文因此決定請半天假來排隊，只是沒想到即便如此，在他得前面還是站了一群更早來報到的顧客。

在枯站了近半小時後，一位佝僂著背，年紀約有七、八十歲，皮膚黝黑，身材瘦小的老人終於推著他生財的攤子，慢條斯理地從對街緩步走來。在和幾個似乎是熟客的人點頭致意後，這位紅豆餅老伯不急不徐地先點了一根煙，抽了幾口之後，方才開始準備烤爐。

這時，不知又從哪裡冒出了一位和老伯年紀相仿的老人，搬了一張板凳坐在旁邊，開始和老伯天南地北地閒聊了起來。艾文心想，這麼一來，豈不又降低了老伯本就不快的準備速度。

艾文不耐煩地估計，如果一爐三十個紅豆餅要花十五分鐘才能烤好，每個人買十個來計算，那麼自己要輪到第三爐才能買到。若以老伯現在的處理時間來看，恐怕還得再等上一個小時。為了區區幾個不一定好吃的紅豆餅，真的有必要再等下去嗎？

正當艾文杵在隊伍中猶豫是不是該閃人時，老伯忽然抬起頭來看了艾文一眼，嘴角還帶著似笑非笑的輕蔑神情，好像表示「想走就走吧，別浪費時間在這裡了。」

而艾文被他這麼一看，忽然下定決心今天一定要買到紅豆餅，不管要等多少……「老子就是不走，怎麼樣？」

只是等待的時間遠超過艾文原先的估計。不知怎麼回事，這些排隊的顧客是胃口大還是太哈紅豆餅，或是幫其它人買，每個人至少都買上半爐才肯罷手，甚至有人是包下一整爐的紅豆餅，以至於艾文後來是等到第五爐才輪到自己。

而當艾文被詢問要買幾個時，他回頭看看排在後面的長長隊伍，他深吸了一口氣，衝口說出「二十個！」

只是話一出口，艾文就後悔了。因為本來只想買兩個當場吃掉就好了，但現在一次買這麼多，待會兒要送給誰吃？可是回頭又想，等了那麼久才買到，如果不多買一點，好像又對不起自己。

「這位先生，您是第一次來吧？要不要先吃一個，再決定要買多少？」旁邊一位幫忙包紅豆餅的中年人建議。

「不用了，直接包起來吧！」艾文不服氣地表示。

這時他瞥到正忙著烤餅的老人，做了一個我就知道的聳肩動作，而後面的客人則面露羨慕的表情。這時，艾文心中沒來由地萌生一絲絲的小得意。

提著沉甸甸的褐色紙袋，在還沒有進車子前，艾文就迫不急待地拿了一個紅豆餅來嚐。

「好燙！」艾文被噴出的內餡給燙了一下。

「嗯，皮的確是脆的，還有一點木炭香，不過好像沒有特殊到得花這麼多時間來買。」艾文有點失望，「更別說會一再地光顧。」想到剛剛那些興高采烈的紅豆餅老顧客，艾文實在有點不解。

Crowds

03

人多的地方必有其可取之處！

人多的地方通常必定有其可取之處，這也是排隊行銷的主要訴求。當產品與顧客的感情、回憶產生連結，「價錢」就不再是唯一考量：越是要排隊的餐廳，顧客往往會越發覺得食材新鮮、品質好，值得一試。越是要排隊才能買到的商品，顧客會越珍惜，並且不時向他人炫耀。

「你們的意思是，紅豆餅本身並不是你們一再購買的真正理由？」聽完了同事們的分享，艾文很吃驚。

當艾文將前一天等待的經驗，以及對剛出爐的紅豆餅滋味有點失望的想法分享給琳達和詹姆士時，卻意外得知他們成為攤子常客的真正原因。

詹姆士表示，他每次都會將排了很久的隊才買來的紅豆餅分享給家人、朋友及客戶，除了藉此表達自己的關心外，得來不易的紅豆餅也可以突顯禮輕仁義重的價值，強化彼此的關係與情誼。

而琳達，則是出自於從小建立的一份美好記憶。每當她站在老伯的攤子前面排隊，嚐到紅豆餅的滋味時，她就會想起當年尚未離異的父母親，牽著自己的小手一同排隊買紅豆餅的幸福感。這種再也無法重溫的記憶，讓她總是願意不斷地站回排隊的行列中。

「其實若單從紅豆餅這個東西來看，能提供比它好吃、便宜、動作快速的攤子並不少。但是因特殊關係考量下所產生的價值，對每個人而言，那就不是客觀條件所能衡量的了。」艾文自忖。

「不過除了關係，還有什麼其它因素是值得顧客一再造訪的？難道每位排隊的顧客都能樂在其中，絲毫不覺得煩厭？為什麼我不喜歡等待，也覺得紅豆餅並無特別之處，但卻也不知不覺地排隊買了一大堆？為什麼等待的時間在這裡變得無足輕重？」……這當中似乎有著太多的問題是艾文目前無法找到答案的。

「我一定是瘋了。」為了解開心中的迷團，艾文忍不住又再度光臨了紅豆餅老伯的攤子。

「希望主管不要認為我是因為完成不了任務而偷偷地在外面找事。」想到最近自己老是無預警地請假，而且又遲遲交不出新方案，艾文心中不免忐忑。

觀察這些排隊的人群，艾文刻意地向他們探聽消費的原因。有些人生怕艾文是騙子，因此拒絕回答，但大多數人倒是很樂意分享自己排隊的原因。

其中有一位家庭主婦和老先生都是為了家中小孩子的要求而被迫前

來，其餘的人除了自己喜歡吃，也有慕名而來或朋友推薦前來嚐鮮的，有些人甚至是路過看到排隊人潮而臨時加入的。

「看來原因是不一而足。」艾文心想。

「老闆怎麼還沒出現，都等了這麼久了！」不曉得今天是怎麼回事，已經過了預定開攤時間半個多小時了，紅豆餅老伯竟然還沒有出現。

「太過份了，不等了！」隊伍中那位湊熱鬧的路人，還有幫小孩買的老人在發完牢騷後，忿忿地離開。

「我是不是也該走了呢？！」艾文百般無聊地站在隊伍裡發呆。

這時，那天幫忙包紅豆餅的中年男子忽然出現，並且對著所有排隊的顧客深深地鞠了一個躬表示歉意。「我父親今早臨時有急事出門，趕不回來，因此攤子無法開張了。」

「讓大家在這裡久等了，真是很抱歉！」原來他是紅豆餅老伯的兒子。

「太可惜了，只好等下一次囉。」眾人在搖頭嘆息聲中一哄而散。

「這位先生，請問您父親後天還會來嗎？我想要當面請教他一些事情。」艾文在中年男士正要轉身離去時，叫住了他。

「請問您是……？」中年男子怔了一下，「喔，我記起來了，您是前天第一次來就買了二十個紅豆餅的先生。請問有什麼事嗎？」

艾文接著將自己的疑問稍微描述了一下。

中年男子聽完之後不禁微笑地表示：「這是我父親擺攤這幾十年來，第一次有顧客詢問這種問題。大部分的人都是在問，紅豆餅吸引人的秘訣在哪裡？或是可不可以向我父親拜師學藝。雖然我知道其中部份的答案，不過可能還是得由我父親回答會比較貼切。真不好意思！那就下次碰面再聊囉？！」他輕拍了一下艾文的手臂，轉身離開。

Satisfaction

04

科技不只來自人性，更要「滿足人心」。

Satisfaction

滿足感 4

金錢能夠衡量的是價格而非價值！科技不只來自人性，更要隨時滿足人心。當人們對虛榮或身份地位的要求高於產品價格，例如渴望擁有精品皮包及名牌手機時，產品價值就不能再用價錢來衡量。

「什麼叫做『人氣紅豆餅挑戰計劃』？聽起來怪怪的！你是不是因為買不到紅豆餅，想瘋了，所以才搞出這個名堂來？！」聽到艾文準備為新品的推出計劃取一個這麼不專業的名稱，琳達心裡有些疑惑。

「兄弟，你不會又要再搞一次烏龍吧？」詹姆士也有一些擔心。

「放心，這次我是很有把握的。」艾文信心滿滿地表示。

要是在兩天前，艾文也不敢誇下這樣的海口。

那天由於紅豆餅老伯臨時有事（後來艾文才知道，老伯為了能搶到在一家有名寺廟點光明燈的機會，跑去排了一整天的隊！）無法擺攤做生意，害得艾文不但白請了半天假，而且還在等了近兩小時後毫無所獲，心情十分低落。他本來想直接回家，不過在經過一個大擺長龍的演唱會售票亭時，他臨時改變主意。

演唱會的主角是一位資深卻早已退出歌壇多年的過氣女歌星，艾文小時候因為母親是這位歌手的粉絲，所以不但常在收音機裡聽到她唱的歌，母親也會不時哼唱來解悶。後來這位女歌手因為遠嫁他鄉，不再公開演唱，母親還為此難過了好一陣子。為了撫慰自己的心情，母親之後還特別買了一整套女歌手的紀念專集，以備隨時播放。

「如果我能送老媽幾張演唱會的票，讓她重溫舊夢，她一定會很開心。」艾文心裡是這樣想地。

其實隊伍中跟艾文想法一樣的人還真不少。他注意到，依年齡層來看，這些排隊的年輕人顯然並非這位當年紅遍半邊天歌手的粉絲，而從言談的內容更可了解到，很多人都趁著上班時間排隊人潮較少，替家中長輩買票翹班而來的。

由於售票規定每人一次只能買四張票，因此排隊的人雖多，不過移動速度倒是蠻快的。實際上，艾文只花了比預期還要短的時間（約一小時）就買到票，讓他覺得超開心的。

「哇塞！你買到了超難買的演唱會門票，這在網路上可是秒殺的ㄟ！」詹姆士羨慕地表示，「怎麼樣？割愛兩張給我吧!?」

「來不及啦！」艾文聳肩並搖頭表示，「我已將門票都交給我老媽了，她可是興奮的很咧。除了高興兒子有想到她，還可以邀老友一起去重溫舊夢，順便炫耀一下。」

這時，琳達眨了眨她那刻意修飾過的眼睫毛，「我還是聽不出你去買票和你要完成的產品推廣計劃之間有什麼關聯？你是發現了什麼關鍵秘密嗎？」

「其實倒也沒有，只是有兩項領悟是之前從未想過的，其中一項更要歸功紅豆餅老人攤子前的排隊顧客，以及之後向老人請益得結果。」艾文表示。

原來在買票時，艾文突然有一種茅塞頓開的感覺，他領悟到商品暢銷的原因從來都不是產品或服務本身，那種傳統「製造出世界上最好的捕鼠籠，全世界想要滅鼠的人就會不計代價的排隊來買」的生產者思維，是無法創造出排隊人潮的。

「可是這個很酷炫，每次推出都造成轟動的手機，不就是高科技產品的代表？」詹姆士指著他放在桌上著名的「A牌」智慧手機表示，「這是我花了不少功夫去排隊才搶購到的限量款，我可是衝著它新奇的功能才買來嚐鮮的。」

「真的嗎？你確定不是為了別的原因？」艾文質疑，「如果市面上再有一款功能一樣甚至更好，價錢也合理，但卻不是「A牌」的智慧手機，你還會去搶購嗎？」

「這倒是不一定了。」詹姆士承認。

「就是嘛！」艾文點點頭同意。

「其實不光是手機的牌子會影響我們購買的意願，就連我們平日購買的書籍或演唱會的門票，都要看是誰寫的或誰唱的，這才決定要不要花功夫去取得，怎麼可能只看中產品內建的功能或科技而已？」

聽到這邊，詹姆士忽然有所感觸，「所以雖然大家都強調『科技始終來自於人性』，但是真實的狀況卻是『科技始終應滿足人性』吧。而這裡所說的『人性』，其實指的就是我們某種隱而未顯的深層需求及認知，對吧？！」

「哇，你們怎麼忽然都變得那麼有sense！艾文，你是受到高人啟發，還是自己頓悟的？」琳達覺得十分有趣。

艾文有點不好意思地表示：「我只是在班門弄斧而已啦，這些想法其實早就被許多成功的商業人士應用在他們所提供的產品或服務上，並且獲得了可觀的成果。我只是在排隊無聊時忽然想到的，沒什麼了不起。事實上，有哪些需求是可被利用在產品或服務的訴求上，藉以吸引排隊的人潮，我還不是很清楚。不過，當我告訴紅豆餅老伯自己的一些想法時，卻被他給打槍了。」

「喔，這個老伯不爽了？！」琳達他們聽到這邊，各個都張大了嘴巴表示好奇。

Spending-Power

05

透過商品達到目的，消費的真正動力。

沒有消費者單純只為產品本身而來，透過產品所要達到的目的，才是購買行為的真正動力。透過消費所體驗到的，增加商品本身在顧客心中的份量，才是顧客心中的權值加重計分。

為了澄清自己的疑慮，艾文再度光顧了紅豆餅老伯的攤子，情況也如同前兩次一般，早早就來報到的顧客已經排起了長長的人龍。

「請問您今天是要買紅豆餅呢，還是想跟我父親聊幾句？」中年人看到隊伍中的艾文，微笑地走過來詢問。

「當然是想和令尊請教一下。」艾文忙不迭地表示。

「那請跟我來。」

在老人坐著的後方，中年人擺了一張凳子請艾文坐。

「老伯您……」正當艾文想打個招呼時，老人豎起了一根手指，阻止了艾文的說話。

老人此時拿著一把鐵壺，熟練地在鐵盤上的每個圓洞裡，均勻倒入一定份量的麵糊，並用小刷子將麵糊輕輕地刷到圓洞的內壁上。接著，他在其中一半的圓洞中各舀入一匙紅豆餡，並且將另一半圓洞中已經烤硬的麵餅殼挖出，一一扣到已裝了餡的另一半餅殼上。

在將所有的餅都翻了一個面之後，老人忽然回頭問艾文：「什麼事？」

正當艾文目不轉睛地看著烤盤上的紅豆餅，竟被老人無預警地問了一個問題，艾文突然結巴了起來，「是……是這……樣子的，我想……請問老伯，您的攤子前面為什麼總是大擺長龍？」

老人沒有馬上回答艾文的問題。他將一片鐵網罩在紅豆餅上後，再將整個烤盤翻轉了一百八十度，讓炭火直接炙烤紅豆餅。之後，他又重覆了同樣的動作去烘烤餅皮的另一面。

「原來有炭火香的脆皮是這樣子做出來的，真是慢功出細活，上次都沒注意到。」看到這裡，艾文心裡這麼想。

就在紅豆餅大功告成，老人的兒子開始幫忙分裝給顧客之際，老人又回頭問艾文：「你是為了什麼而來？」

當艾文一五一十地將同事的熱情分享、自己的好奇以及諸多待解的疑問一一描述給老人聽，並且表達自己來這裡的緣由時，老人不耐煩地打斷了艾文，「我再問你一次，你現在在這裡的真正原因是什麼？」

艾文沒想到老人會有這樣的問題，一時之間整個人楞在那裡不知道該如何回答。而老人見艾文沒反應，便轉身忙他自己的事了。

看到艾文尷尬地坐在那裡，老人的兒子低聲告訴艾文，「其實我爸的意思是，你不厭其煩地在上班時間一再跑來排隊，應該不只是為了區區幾個紅豆餅，也不會是為了問一些可能不一定有答案的問題。他想要知道，透過辛苦的排隊，你想得到什麼？」

艾文沉吟了一下表示，「事實上，我真正的目的是想探索這些排隊長龍後面的原動力，並且有效地運用在我未來的工作上，讓自己能更輕鬆自如。」

「所以，這是你主動的選擇，而非被迫的行為？」老人的兒子澄清。

「嗯！」

這時，老人一面忙著烤他的餅，一面回頭表示，「我就說嘛！倘若你只是好奇或衝著美味而來，是絕對不可能一再地忍受這種沒有意義的等待的。」

艾文這時不服氣地嘀咕，「可是如果您能使用像那些賣手機或演唱會門票商店的方式，用限量的規定來控制每位顧客的購買數量，或許就不需要等那麼久了。」他回想起前兩天買票時的經驗。

老人此時忽然回頭用嚴厲的眼光看了艾文一眼，「你確定限量就會省時間嗎？年輕人！」

「我不知道，這只是我的一個直覺想法。不過您可以叫我艾文。」艾文小聲地回答。

「嗯，艾文，我叫史帝夫。」老人的兒子這時也搬了一張凳子坐在艾文旁邊。

「對於這個問題，其實我爸是知道答案的。」

Desire

06

「隨心所欲」——消費者的終極渴望。

Desire

渴望 6

消費是客戶展現自主控制的另一種型式，能自由自在、隨心所欲地做自己想做的事，正是每個人心中的渴望。若顧客可自主掌握，將有助於提高商品滿意度。惟銷售過程中要防止消費者私心造成對他人的某種不公平對待，此舉恐會減損該項產品的吸引力。

「啊，我想起來了，紅豆餅老伯的確試過限量促銷，但效果不是很好，客人抱怨很多。」琳達忽然打斷了艾文。

原來之前為了讓所有的顧客都有機會少花一點排隊時間，買到數量有限的紅豆餅，老人曾經短暫地實施過每人限量購買的手段。琳達還記得，自己當時在排了一陣子的隊伍後，卻被告知只能買四個紅豆餅時的失落與不滿。

「妳難道不喜歡少花一點時間卻保證能買到紅豆餅，而且不必擔心前面的人一口氣買太多？」艾文好奇地問她。

「可是四個紅豆餅能滿足誰呢？」琳達質疑，「我們一家五口人，一人分一個都不夠，難道我還得再排一次隊？但即使是這樣，怎樣算也是不夠分啊！」

「其實有需求就一定有供給，說不定當時附近就有紅豆餅黃牛的蹤跡。」詹姆士半開玩笑地表示，「妳搞不好可以跟他們買齊想要的數量。」

「我可不確定紅豆餅老伯會賣給這些黃牛！再說，我幹嘛讓他們輕鬆賺到不義之財？太不公平了嘛！」琳達面露鄙夷地表示。

而在沉默了一會兒後，她接著又低聲補充說，「其實這不是買多買少或向誰買的問題。我當時只是覺得，我為什麼不能決定自己可以買幾個紅豆餅？若連生活中這種簡單的自主行為都要被別人剝奪，這種對選擇無法置喙的感覺，會讓我整個抓狂。」

詹姆士這時摸摸鼻子表示，「但目前還是有許多產品的販售都採用限量的方式創造了人人有獎的公平環境，不也挺好的啊！」

「我可不這麼認為！」琳達嘟嘴搖頭表示不同意。

聽到這裡，艾文不禁沉思，「難怪老人的兒子在我放炮時會即時提醒，必須讓顧客在整個購買過程中產生自己可以自主掌握，並且也能掌控未來的信念，才能讓大家真正滿意。原來，除了某些特殊的個人需求必須照顧到以外，讓顧客感到未來的日子能因為購買而會變得更自由自在，才是其中的關鍵。」

「其實我當時也是贊同詹姆士的。」艾文豎起大拇指。

原來當艾文聽到老人兒子描述限量的不可行時，也曾表達這是一個對所有顧客都比較公平的做法。

「不過在剛剛聽了琳達對紅豆餅限量購買的反應，以及老伯當時的點醒後，我現在有了另一個不同的看法。」

「喔？！」

當時，老人趁著烤好另一鍋紅豆餅的空檔，斜瞄著艾文問他，「你喜歡別人基於他們認為公平的原則來控制你的言行？還是喜歡你基於自己的主觀意願，可以完全掌控自己的言行？」

「我……」對於老人無厘頭的問題，艾文的舌頭突然打結，不知所云。

這時，老人的兒子跳出來打圓場，「我想我爸的意思是，你願意讓店家來決定你該買多少，以便讓所有的客人都覺得公平？還是願意忍受別人對你的指摘，認為你沒有想到別人，把東西都買光了，只因為自己高興？」

「這恐怕是要看是在什麼情形下所做的判斷了。」艾文沉吟著。「不過我認為，不論是哪一種選擇，產生的結果一定要讓我感到滿意才行。」

「這不就對了！」老人嘉許地點點頭。

「哈！根據你描述的這一點，我倒是有一些心得喔。」詹姆士拍一拍大腿接著說。

原來根據詹姆士多年銷售的經驗，若是業務員急著成交，給潛在購買者帶來了不必要的壓力，在對方急於重新獲得主導權的渴望下，反而會降低了成交的可能性。事實上，只有在客戶自己給自己壓力，督促自己採取行動，才能產生購買的行為，也就是說，自在滿足本該是個人內在的趨動力之一。

艾文這時用力地抓了抓頭髮，「其實我曾經想過，要不要規定限量購買可能和產品的類型、購買者背後的動機、產品價格的高低、感覺公平與滿足之間的平衡，以及買來後是自用還是分享他人等因素都有關連，不過我並不能確定它們之間的關係是什麼？我目前唯一知道的是，購買者必須能有那種透過購買就可以讓自己掌控現在與未來的期望，才會行動。」

「關於購買者的動機，幾年前我的一位親戚開店時，就曾經遭受了一場血淋淋的教訓！」琳達嘆了一口氣。

「是喔？！」

Originality

07

模仿商品外觀與定價，失敗等著你……

Originality

原創性 7

銷售的迷思在於，認為自己想要的東西別人也會有興趣，但卻忘了每個人因需求不同，進而產生差異極大的興趣。冒然投入一個不知其熱銷原因的生意，企圖以價格與模仿外觀來吸引買家，此舉將註定失敗。

由於看到街上許多人都習慣拿著一杯咖啡或冷飲來為自己充電，加上自己平日又喜歡喝咖啡，琳達的堂姐因此在羨慕他人當老闆所擁有的自由度之餘，決定和朋友合資開一間複合式茶飲店，滿足自己的需求。

只可惜事與願違，開店這種事情的複雜及難度，是遠遠超過琳達堂姐她們這些門外漢所能想像的。不論是選擇地點、控管資金、裝潢及商品陳設、貨物進出、開發及庫存，乃至於人員的訓練、產品的選擇、服務的流程等，一大堆必要卻又與咖啡無關的工作，就夠讓她們身心俱疲的了。

而其中最令人氣餒的是，無論大家再怎麼努力，除了開幕那天因為有熟人捧場，以及降價促銷所造成的排隊人潮外，其他時間都是生意清淡、門可羅雀。有時甚至一天賣不到十杯飲料，結果讓她們入不敷出。

在咬牙苦撐了半年後，大家最後還是決定止血，收攤走人。當然，原先砸下的店鋪裝潢費，加上這幾個月的營運損失，讓琳達堂姐好幾年都還耿耿於懷，後悔不已。

「唉，這就是銷售者的迷思，總認為產品與價格是決定顧客是否買單的關鍵，其實還有很多因素都足以影響顧客的動機，決定要不要行動。」

聽到這裡，詹姆士搖搖頭表示。

「那天我在紅豆餅老伯那裡便有詢問過他，除了好吃以外，他是否還知道排隊顧客購買紅豆餅的其他原因。」艾文回想著。「老伯當時表示，去他那裡的男女老幼、形形色色的人都有，一個人來的或是好幾個人一起排的，每個人的目的似乎都不太一樣，無法歸納出單一原因。」

「不過老伯也提到，去買的人應該不是衝著紅豆餅的價格、口味、種類或是方便性，主要是附近也曾有人看著老伯的攤子人潮洶湧所以眼紅，想分一杯羹，擺外了另一個紅豆餅攤子。那個攤子不但全年無休，價錢還比老伯的低三成，而且種類超過十多種，不像老伯只提供紅豆、芋泥及奶油三種口味。而且，也有人曾買了他的紅豆餅請老伯品嚐，味道雖然平平，但也還不至於差到哪裡去。可是不知怎麼的，生意一直不是很好，結果不到一年就收攤了。」艾文聳聳肩。

「啊，這麼慘喔？！」

「所以老伯自己認為，他的紅豆餅熱銷應該不是別家也可輕易提供的因素所造成的。根據他的觀察，應該是跟顧客對他產品貨真價實的信賴，彼此間長久建立起來的關係，和親友們一起共享的甜蜜回憶，得來不易、物以稀為貴的心態下所產生的特殊價值感，以及吃過的人口耳相傳的口碑等，造成了他的攤子前大排長龍的景況。」艾文下了這樣的結論。

「不過老伯當時也點到了另外一個因人而異的變數，這個因素確實影響了他攤子的生意。至於這個變數後面的決定因子，我倒是第一次聽過，讓我不得不回來多想一想。」艾文冷不防地又加了一句。

「是什麼？」大夥兒的好奇心頓時都被挑了起來。

艾文深吸了一口氣，「時間所引起的變數！」

「時間？！」

「對！因為時間這個因素的加入，對當事人所產生不同感受的變數。」

Originality

原創性 7

「這是什麼意思?!」

「抱歉,我其實直到現在也還不清楚!」艾文無奈地表示。

Value

08

販售商品＝延伸個人價值

傑出的銷售人員必須真正了解客戶需求，並在不知不覺中引導客戶的想法，強調販賣產品所延伸的個人價值，例如汽車業務員販售的是身份地位及全家人的行車安全，印表機業務員，銷售的是反映顧客形象及機器所列印的精美刊物，眼鏡行店員賣的則是清晰的視力及增加魅力的時髦配飾。

翻著艾文所寫的提案，部門經理威廉心裡有些疑慮……。

「我們都知道產品的銷售主要是靠價格訂定（Price）、產品特性（Product）、通路及銷售地點（Place）及行銷手法（Promotion）等4個「P」來做訴求，去說服顧客購買。它們不但有一定的成效，大家也行之有年。然而在你的提案中，你不依照正規的做法來提出構想，卻花了這麼多功夫來討論客戶可能的想法與需求，這會不會有點兒失焦，本末倒置？而且，你還一再提到業務員應該要先做好心理準備，這是什麼意思？難道我們的Sales還需要你的加持，告訴他們該怎麼做嗎？」威廉敲著桌子思考。

「傳統的4P指導原則難道在你的想法中是不值得去遵循的？還是你最近壓力太大想急於突破，完全亂了章法？」

「我倒不是想推翻大家耳熟能詳的4P架構，事實上，它有其學理上的基礎及運用上的成效。」艾文清楚地向主管解釋著。「只是我近來發現，

Value

價值 8

許多成功的企業家或業務員並未靠著4P原則來吸引客戶，創造業績的。」

「喔！何以見得？」威廉有點好奇。

「他們其實是先從客戶的需求及想法著手，再回推該如何運用4P來配合銷售。」艾文進一步解釋。「事實上，許多厲害的銷售團隊，像以前的A公司，甚至創造出顧客沒想到的需求，說服客戶這就是他們想要的，讓顧客心甘情願地掏錢買單。這種由果導因的做法顯然和我們之前所用的方式不同，當然在結果上也產生了天壤之別。」

「為了避免再犯以前同樣的錯誤，我這次換了一種思維來做規劃，而這一切其實是多虧了一位賣紅豆餅的老人所啟發。」艾文透露了新思維的來源。

「由果導因？紅豆餅老人？這就令人更好奇了。」威廉指示艾文坐下來好好說清楚。

在接下來的半小時中，艾文描述了他如何知道紅豆餅老人和他的產品，以及攤子前面令人吃驚的排隊人潮，還有後續他向老人請教的內容等。

「聽你這樣講，我也覺得躍躍欲試，應該去拜訪一下紅豆餅老人的攤子才對！」威廉聽完面露微笑。

不過他接著又提出了一個疑問。

「可是他的小攤子是向一般民眾銷售一個價錢不高，市場規模也有限，而且可當下決定的產品，這和我們產品的屬性以及目標客戶可是完全不同的。你覺得這兩種銷售想法能夠相提並論嗎？而且，一些金額龐大，對象又是一群人參與決策的企業級買賣，其中間的過程和銷售的思維對買賣雙方而言，都不像買賣紅豆餅那麼單純喔！」

艾文聽了之後微笑表示，「經理，您說的沒錯，我在當初也是這麼想的。不過紅豆餅老人的兒子以及營業部的詹姆士都提醒我，買賣之間的決定以及事情上的處理都是人在做的。只要是人，不管銷售金額多大，過程中參與的人有多廣泛，牽扯的事情有多複雜，花的資源與時間有多少，這總會關連到人性及個人需求，而其中的做法不完全都是符合我們期待的理性與邏輯的。」

「有嘛？！」

艾文點了點頭，「這也是我在提案中特別提到，銷售人員和採購客戶的想法都必須同時兼顧。畢竟雙方取得共識的基礎，在於彼此都有一些類似的目標想要一同完成。如果某一方只顧著自己的需求，不管對方如何，這要能順利完成買賣任務，恐怕就不容易了。」艾文自信滿滿地回答。

「對了，您還記得之前那位B公司總裁的事情嗎？」

「當然，幸好事情最後還是圓滿落幕了。」

「最近我聽說，他們公司已有特定買家準備入主，確實不出我們所料！。」聽到這個消息，威廉不禁深吸了一大口氣。

話說這件事情大約發生在兩、三年前。

當時一位下單量並不突出的 B 客戶新任總裁，帶著他的經營團隊到艾文的公司來做供應商策略合作的拜訪。客服部門根據過往和前一任科技背景出身總裁的互動經驗，邀請了研發設計、生產製造、品保及資訊等部門同事參加此次會議。

豈料這位新科總裁對於兩天會議中要討論的內容及參與的人員，在第一天結束時就表達了強烈不滿。他認為，這種會議再開下去只會浪費他寶貴的時間。他表示，如果第二天還是這樣，那還不如提早結束會議。然而話雖如此，可是對第二天雙方該談些什麼，這位新總裁卻又不願意做進一步的建議。

就在當天會議結束後，大家絞盡腦汁想猜測總裁意圖，一位同仁無意中發現，此次跟隨總裁來的主管中，有屬於極少會出現在這種會議中的內勤單位，像是財會及法務部門的人。若加上新任總裁是財務背景出身的，大家猜測，會不會是對方對早上偏技術的議題根本不感興趣，甚至另有難以啟齒的企圖。

於是在忐忑不安中，公司高層決定大幅調整第二天參加會議的對口單位，而這項改變竟然獲得對方的大加讚賞。這時大家才明白，原來新總裁果然有別的計劃想要討論，由於議題太敏感，牽涉到公司的未來發展，因此客戶不好主動開口要求。之後，就在雙方取得共識並且順利簽約後，B公司的訂單開始逐年倍增。

「原來衝業績，讓帳面上的數字漂亮，藉以吸引潛在的買家，才是執行長真正的目的。」聽到這裡，經理終於了解艾文的意思。

「所以，不管談判者代表的是公司還是自己，個人意圖在買賣中是絕對不能輕忽的環節。」艾文最後強調。

Golden-Triangle

09

「熱情、計畫、目標」，缺一不可的銷售金三角。

銷售人員都應該了解銷售的目的在驅使顧客感激產品或服務本身及所延伸的價值，成功的業務員一定要抱持永無止盡的熱情、預先規劃好的使命及目標，若你滿腦子就是績效獎金，那麼通常不會與客戶有多緊密的關係，我保證你肯定做不到一筆生意！

坐在辦公室內，經理威廉看著艾文的新品提案，低頭深思。

「按照艾文方才的描述，紅豆餅老人本身對自己的產品及所從事的工作（或者應該稱之為事業）有著一份濃濃的情感及期許，知道他的客戶會因為購買他的紅豆餅，進而滿足某些非常個人的需求，甚至可以期待自己未來的生活可以變得更好。衝著這份認知與使命，老人對每一個紅豆餅的銷售，都覺得是意義非凡，不枉他的苦心與努力。也正因為如此，他才能數十年如一日地投入這個繁瑣的製作過程，並且樂在其中……」

「假如艾文說的沒錯，那麼實際上，不只是客戶，就連銷售人員本身的需求及販賣的目的都應該先去了解、確立並妥善照顧到，才能創造出一個買賣雙贏的局面。」威廉想了一下，撥打了艾文的內線電話。

「艾文，為了讓這個新產品的促銷能成功，我建議先和公司相關部門的銷售人員談談，知道他們對這件事情的想法。這樣好了，就麻煩你先去和詹姆士他們溝通一下，取得共識，之後再安排一個相關部門的專案會議，整合大家的想法，為新產品熱身。我會先去和銷售部門的頭兒蘇珊碰個面，聽聽她的意見。」

在公司內，提起銷售部門的負責人蘇珊，威廉就會不覺地豎起大拇指表達敬佩。她除了是威廉加入公司的推薦人外，之前幾宗暢銷的產品專案都是在她手中完成的。在工作上，她可說是威廉學習的榜樣。

只是之前她因為身體欠佳，不常進來公司，實際銷售的工作都已分配給底下的幾位得力部屬如詹姆士等人去做。最近，即便健康狀況有了起色，但她在公司內也只花精力做一些銷售協調及新人培訓的工作，不再親自到客戶端去做肉搏戰。換句話說，整個職涯及人生方向似乎都因為健康的關係，進而有了巨大的轉變。

「人氣紅豆餅挑戰計劃？這個名字倒是挺酷炫的，是誰取的？挺有意思！應該不是公司要賣紅豆餅吧？那我可沒有經驗喔！」坐在一家位處小巷內，裝潢不起眼的咖啡館裡，蘇珊半開玩笑地問著威廉。

「是艾文想出來的怪名字。」威廉搖搖頭，表情有些無奈。「不過，說到要賣人氣紅豆餅，那可就是紅豆餅老人的專長了。」威廉加了一句實話。

「紅豆餅老人？你講的是那個設在市中心的一家銀行旁的小巷口，購買隊伍超長的人氣攤子？」蘇珊問道，而威廉則點了點頭。

「我認識他耶！」蘇珊倒抽了一口氣。

原來蘇珊在剛進公司時，身為一位新手業務曾遭遇了不少的挫折與責難。在一次因緣際會之下，她遇到了老人（不像現在，老人當時還蠻有體力的）及他的攤子。貼身觀察後，她發現老人似乎有一種使命感，想讓購買紅豆餅的顧客能因為他的產品，滿足個人需求，感覺更幸福。

蘇珊在那時便深受啟發，認為銷售人員就應該像紅豆餅老人一樣，要有比買賣成交更高的工作目的，方才能夠保持工作的熱忱。因此，她當時就暗暗下了決心，期望自己日後和週遭的人都能夠因自己的銷售而更加幸福快樂。當然，有了這種決心，蘇珊日後碰到挫折或困難時，也都能甘之若飴、永不放棄，而結果也的確為她及客戶帶來了滿意的成效。

「妳的意思是說，妳這些年如此樂在銷售的工作，是因為妳不只是為了成交背後所帶來的高額佣金，也有一些想法是為了滿足更高層次的目的？」聽到這邊威廉忽然覺得，艾文的說法好像不再那麼虛無飄渺了。

「是啊，這其實也是許多有成功的銷售或企業人士讓自己的工作變成事業的關鍵。」蘇珊點點頭。

「還記得那位赫赫有名的『A』公司創辦人，說服一位任職於飲料公司執行長跳槽到他公司的經典名句嗎？『你想賣一輩子的加料糖水，還是給自己一個機會來改變整個世界？』。那可是將工作變成事業的最好詮釋呢。」

蘇珊接著指了一下站在櫃台邊忙著沖煮咖啡的店東Judy，低聲地向威廉表示，「你一進來時有沒有覺得奇怪？她並沒有問你要喝什麼口味的咖啡就直接去煮了。事實上，你在她店裡是找不到咖啡價目表的。她完全是依照你的特質及現在的狀況，調配出一杯只適合你的咖啡，我稱之為『有靈魂』的咖啡。也就是一杯融合了她的和你的意念的咖啡，這可是世界上獨一無二的。」

「有這麼神？！為什麼……」這時，一杯並不起眼的咖啡送到了威廉的面前。

「你先聞一下咖啡的香氣，再品嚐……」蘇珊在旁指點。

「哇，這咖啡好香，而且入口溫潤順暢，一點都不苦澀，甚至還有一點微甘的感覺，真神奇！」威廉不禁連聲讚嘆。

「事實上，喝了這杯咖啡，不但不會影響你的睡眠品質，喝完後再去喝一口水，連水嚐起來都會是甜的。」蘇珊補充說道。

「不過有趣的是，適合你的咖啡要換我嚐起來卻是苦的。」

「真的？！」

在享受完這杯特別的咖啡後，威廉不禁好奇，「既然咖啡的味道這麼好，又這麼獨特，為什麼Judy不擴大營業，多增加一些顧客及收入呢？」

「這就牽涉到自己工作的目的及取捨。」蘇珊表示。

「Judy 希望透過自己平實而生活化的分享，讓週遭的人及她自己都能享受自在的人生。因此，她要花不少時間及精力在顧客身上，充分了解並滿足顧客不同的需求。這種做法就代表著，她不能讓店裡擠滿人群，造成自己及顧客的忙碌和不便，自然而然的，擴大營業就不是她當下的選項，這全然是符合自己目標的決定。」

「喔！」

這時蘇珊低頭啜了一口咖啡，「在我從事了這麼多年的銷售工作後，前一陣子因為個人的健康關係而必須在家休養的期間，我有了新的領悟及目標。我現在覺得自己應該多珍惜得來不易的健康，並且將所知分享給其他人，方才不枉此生。因此，我未來要努力的方向就是多傳授一些銷售的智慧給後進，協助他們找到自己從事銷售的目的及完成它的合適方式，讓大家能樂在銷售工作、享受人生！」

Demand

10

對商品與服務的不滿，需求因此變了樣！

Demand

需求 10

優秀的業務員聰明地將客戶的隱性需求轉換成顯性需求，也就是讓消費者對產品產生強烈的需求或渴望，而客戶需求的轉變往往是從對現有產品的困難、不滿意及服務不周到而來。

「艾文，你可不可以先解釋一下，為未來新產品推廣及銷售所做的『深入人心』的專案概念？」為了避免對原先提的『紅豆餅』這個專案名稱產生不必要的疑問及阻抗，節外生枝，沖淡了說服的力度，威廉要求艾文將這三個字改成了比較軟性的『深入人心』，當然內容仍脫離不了紅豆餅老人的影子。

不過，他對於專案內容中新加的一個『紅豆餅時間價值方程式』有些好奇。「不曉得這葫蘆裡賣的是什麼良藥？」威廉心想。

「整個計劃主要是根基於人的行為來自於個人的動機，而動機則產生於滿足自己某種特殊需求的認知。」原本艾文還有些擔心，不知道大家會不會嫌他老生常談，不過看到有些人開始點頭微笑，他覺得情況似乎還好。

「人必須先會利己，才會利人，也就是說，必須讓銷售人員及顧客都能認同這項產品銷售，雙方才會有交集，這也是『銷售給他人時，必先能銷售給自己』的想法。其實不瞞各位，這份報告中的許多想法是來自一位巷子口的『賈伯斯』分身的分享，以及我和夥伴詹姆士的反覆討論後整理出來的結果。」艾文對詹姆士點點頭表示讚許。

不過威廉還是嘆了一口氣心想，「雖然沒直接提到紅豆餅老人，不然眼看就要露餡了……。」

「你說的是A公司的賈伯斯？他怎麼會有分身？這個人又是誰？！」果然有同事好奇，在艾文意料中地發問了。

「艾文提的是一位賣紅豆餅的達人，分身只是一種比喻。」詹姆士順勢接話。「凡是那種在摸清楚客戶底細後，能掌控客戶期望，讓其滿足的標準降至最低，再提供超乎期望的產品或配套服務，讓客戶因購買行為而獲得需求上的滿足，以及深刻的個人體驗，進而願意一而再、再而三地持續回來掏腰包的人，我們都可以稱之為賈伯斯的化身。畢竟賈伯斯這位A公司的創辦人，可是善於操縱客戶動機的世界級大師。」

「呼～，還好。」威廉偷偷地向詹姆士比了一個讚的手勢。

「謝謝你，詹姆士。待會兒還得麻煩你……。」艾文微笑地繼續說，「由於之前在推出新產品時，我們都太過於強調產品的特性及價格的競爭力，總是以生產者的性價比（CP值）角度來看待產品的銷售。然而，這種觀點產生了一個致命的盲點，銷售夥伴只專注於產品客觀的價值，卻忘了客戶認定的主觀價值才是驅動其購買與否的原因。」

「那麼客戶到底認定的價值會有哪些？是不是我們去問他們就會得到真實的答案？」艾文拋出了一個問題。

「那是當然的。」一位客服部門的同事回應。「每個人本來就應該知道自己想要的什麼。」

「真的嗎？」詹姆士表達了質疑。

「我記得賈伯斯之前曾提過，客戶都是需求上的白癡，他們其實並不清楚自己真正要的是什麼？」詹姆士補充說道。

「他曾表示，如果汽車大王亨利・福特在當初準備大量生產汽車時，

Demand
需求 10

詢問了那些潛在買家現在最迫切的需求是什麼，那麼他們恐怕會要求福特提供一匹跑的更快的馬來拉車，而不是其他的運輸替代工具。」

「是嗎？」客服同事不服氣地表示。「我不認為賈伯斯真的了解客戶，他可是很自大的……」

「其實我個人認為，客戶的需求主要是分成顯性及隱性的兩種。」艾文在旁緩頰，「顯性需求一種是我們認為自己想要的，其主要來自於個人自由選擇的有意識思維。它的發生是為了證明自己有掌控未來的權力與意志，是屬於理性層面的。就像是客戶經常向客服或業務同仁反應，要更低的價錢、更多的功能、更快速的回應、更好的品質、更貼心的服務等。當然，要一匹快馬或是在汽車上裝上渦輪飛行翼也是一種需求，就是想讓現有的產品表現得更佳便是。」聽到這裡，眾人臉上都顯現了某種會心的微笑。艾文繼續說，「然而，另一種隱性需求，那種我們不知道其實是我們想要的，而且是來自於個人潛意識的作用，就不容易以理性的詢問來找出其具體相貌。畢竟，這種需求就如同冰山在水面下的部份，是龐大、複雜、直覺而不易察覺的。不過幸好詹姆士和我在賈伯斯分身的啟發下，並且透過蘇珊和威廉的提示，終於有了一些初步的歸納。」

Shortcut

11

正中消費者下懷，交易的捷徑！

Shortcut

捷徑 11

好的業務員懂得將心比心，了解顧客的偏好永遠是銷售過程中最有利的捷徑，因為顧客永遠偏好在採購行為中，找尋一份對自由與公平的滿足感。此外，把親友好友當成最重要的客戶看待，避免出現「親人疏、遠人近」的矛盾行為，也是一絕。

當「賈伯斯的分身」這個名詞再度被提起時，眾人雖然有些小騷動，不過似乎已有默契，不再追究這個名詞是代表一個賣紅豆餅的老人，還是一群有著類似賈伯斯想法的人，反正並不影響目前的討論。

其實當艾文邀請詹姆士一起去拜訪紅豆餅老人的住所時，詹姆士還有些猶豫。「我雖然常常去買老伯的紅豆餅，可是並不代表我和他很熟呀？！」詹姆士心裡不免犯嘀咕。

「何況一位以小買賣為生的老人能教給我這種做企業大生意的業務什麼新觀念？對象和金額都大大的不同，我能從他那裡學到什麼？」事實上，詹姆士是覺得自己面子有些掛不住。

艾文當下察覺了詹姆士的遲疑，「我知道你心中一定充滿了疑問，為什麼非得要你親自出馬？你可能也覺得這個拜訪是多餘的，畢竟雙方顧客的差異性有如天壤之別，老人的想法真的可行嗎？不過，因為你會是我下一個新品銷售的重要關鍵夥伴，而你又已認識老人多年，加上近日的接觸後，讓我感覺老人過去的經歷恐怕已超出你我的預期，因此才特別麻煩你陪我跑一趟，試著再發掘一些可能存在的智慧。」

艾文這時又補了一句，「當然，為了補償你現在的陪伴，我之後再加送一袋老伯的紅豆餅做為補償，如何？就麻煩你了。」

只是，詹姆士原先認為自己只是礙於人情壓力，勉為其難答應了，應該是一趟沒有什麼收穫或意義的會面，但結果萬萬沒想到竟成為一次釐清陳舊觀念的知性之旅。而且，為了更深入了解其中的一些原委，詹姆士之後又密集拜訪了老人一、兩次。

這其中的轉折倒不是因為紅豆餅老人家中的擺設，不像是那些擺路邊攤為生的人應該有的陳舊、陰暗與雜亂，其品味及價值之高遠超過艾文他們的想像（其中有幾幅古代文人的字畫恐怕是價值連城的），也不是老人的兒子透露，在老人還沒有擺紅豆餅的攤子前，曾經自己開過公司，並且名列某十大銷售名人排行榜，而是老人對人性的了解及世事的豁達。

根據老人自己的描述，在他洞悉了影響人們購買意願的原委後，他不論是應付一般民眾的單一產品購買，還是企業法人的大宗採購，都能得心應手、無往不利。而為了擴大戰果，他還成立了自己的貿易公司，以便賺取更多財富。只是在忙於應酬，汲汲營營的當下，他卻忘了財富上的累積並不代表人生中其他像是健康、家庭、婚姻、朋友等同樣重要項目上的獲得。在陸續喪失了健康及婚姻，又被損友倒了一大筆債後，老人決定徹底改變他的人生。

他領悟到，一個沒有目的，只是不停地追逐名利的生活，就好比早年的自己，只會讓人陷入一個顧此失彼，想獲得一些卻丟掉更多的困境。老人覺得，他未來要做的事應該能為自己、家人、親友以及客戶都帶來快樂與幸福感的才對。

老人後來觀察到，兒子對外面攤子賣的不起眼、也沒什麼價值的紅豆餅，情有獨鍾，經常沒事就去買一堆來擺在家中，即使到最後吃不完必須倒進垃圾桶也樂此不疲。經他細問之後方才知道以前自己在外面花天酒地、不顧家庭，妻子總是買一些紅豆餅來安撫兒子沒有父親陪伴的孤獨歲月。顯然，這小小的紅豆餅承載了他兒時的缺乏與滿足。

「這和琳達的遭遇和想法倒有些的類似。」艾文心想。

也就是這個緣故，老人決定將紅豆餅這個東西變成自己贖罪的工具，以及和家人重新建立起不同以往關係的起點。沒想到這一做下去，也將近有四十年的光景了。

「所以，想要讓客戶產生購買的慾望，並且樂意的付諸行動，同時在購買的過程中，以及之後能有喜悅的感受，願意將美好的經驗分享給其他人，進而一再地回來，就必須要照顧到關鍵的五個面向。」艾文接著在螢幕上投影出這些面向的重點：客戶的意圖及目標、客戶的需求及認知、整個過程中公平與否的感覺，時間影響下的動機因素，以及銷售夥伴自己本身的狀況。

Price

12

商品的無形「價值」PK. 有形的「價格」

Price

價格 12

商品本身的無形價值遠勝於有形的價格，客戶的需求主要來自於對該樣產品價值的認知。當客戶可從產品的價值得到心理需求的滿足時，商品價格通常就已不再是考慮主因。

「有關於客戶的意圖及目標，除了賈伯斯的分身和相關人士提出了一個觀念外，詹姆士也曾分享過他之前和客戶互動的一些銷售經驗，讓我有了更進一步體會。如果有問題，待會兒我們還可以請教一下詹姆士，有關客戶銷售的一些經驗談。」艾文向詹姆士微笑並點了點頭。

接著，他對與會的同事們提出說明，「不論選擇的結果是否真能如願，人們其實都想透過一些方式讓自己可以自由掌控未來與人生。雖然選擇方式很多，且會因人而異，不過即使連小嬰兒，也會透過皺眉、拒吃或是開心大笑來表達對食物的厭惡，或是對某項互動的喜愛。在本質上，這都是一種因為選擇想繼續滿足個人的偏好所做的反應。只是這種選擇是當事人主動做的還是被迫做的，對個人的感受而言變得十分重要。畢竟，自己能否掌控本身的行動與未來，將會影響到個人對自由與公平與否的感覺。」

「對顧客而言，購買行為就是一個可充份掌控與選擇，藉此滿足個人需求，更滿意未來生活的直接方式。這也是為什麼，有了一大堆用不完的衣服、鞋子、包包、3C產品之類的人，仍想再多買一點來滿足對未來的期望。其實，這種行為和玩相機的人到處拍照或自拍的行為是很相似的。畢竟，這些行為的主控權是掌握在自己手中，對於愛買什麼或愛拍什麼，是隨自己高興而選擇的。而因為購買或拍照後所帶來的短暫滿足感及獲得，就會讓自己對未來產生更多的期待。」

看到大家頻頻地點頭，沒有異議，艾文就自顧自地繼續下去，「不過，這也突顯了我們產品定位與銷售上的困難。主要是因為我們無從得知客戶的意圖及目標，而許多產品只是消費者生活或企業營運的必需品，和掌控與期望無關。因此，在一大堆的供應商加入競爭的情形下，造成流血殺價的結果。這時，如何將產品依據購買者可能的需求來調整定位，突顯它的與眾不同及獨持價值，以及避免誤用銷售手法，傷害客戶的掌控與期望，自然就成為了必要的考量。關於前一點，我等一下會再做更深入的報告。至於和銷售手法有關的想法，就先請詹姆士上來分享一下……。」

「剛剛艾文描述，我們事先無從得知客戶購買的意圖及目標，可是實際上，他已暗中給了答案，卻還裝做不知道。真是的！」詹姆士一上台就開玩笑地對艾文放了一個炮。

「其實就是個人對現在的掌控，以及對未來可以更自在的期望！這不但是暢銷和滯銷之間的分野，也是我們在銷售過程中，能否順利成交的關鍵思維。」詹姆士特別強調。

「記得在一本當年極為暢銷，內容講述有關銷售行為的書中曾經提到，那些引導客戶邁向最後成交階段的銷售技巧，像是假設性、填單式、富蘭克林式、最後機會式、選擇式、強迫式等超過上百種的方式，或許可以用在單價低、較屬於個人決定的交易，但是對於金額較大、非屬於個人能承擔後果的購買，這些銷售技巧就顯得黔驢技窮了。甚至有時會出現用得越多，成交機率反而越低的怪現象。」

「這個說法可說徹底違反了公司傳授的銷售技巧訓練的宗旨：客戶需要我們一些經過設計的無形推拉的力量，才能依照我們的指示購買產品？」有同事開始提出質疑。

「這倒不是推翻了那些行之有年的銷售概念，畢竟每一個技巧都有它在某一特定場景、特定客戶或特定產品上的功效。」詹姆士解釋。

「只不過，讓顧客能感覺到，他們所有的行動都是出於個人主動的選擇，是極自由、可掌握的，沒有被別人給刻意的操弄或掌控，造成自身某種限制情形，是極為重要的。這也是之前當我向一位老經驗的採購表示，我給他的產品是限時內訂購，才有數量及價格上保證時便被他當場打槍。他不爽地認為，我是在操控他當下購買的決定，這是極為不智的。畢竟人們總想決定自己的未來，即使這是虛幻的想像也罷。」

聽到這邊，蘇珊頻頻地在旁邊點頭，表示嘉許。

Fickle

13

消費者始終是善變的！

強調「整體解決方案」（Total Solution）所能給予消費者的價值，將是未來行銷致勝的關鍵所在。產品價格雖然只是價值的一部份，卻是客戶常用來擊退業務員的方法。

而公司及業務員與客戶之間的關係及信任度，也會被當作產品價值的一部份。

當談到客戶的需求與認知時，與會的同事們興致就來了。畢竟，每個人都有不同的經歷與專長，任職的部門功能又大不相同，因此，所接觸的內、外部客戶，以及個人的想法肯定會天差地遠。

例如幾位在業務單位服務的夥伴們就認為價格是客戶最看重，也最需要被滿足的項目。因為每次客戶的採購一見到他們，就嚷著產品太貴了，得降價才能繼續談下去。

但是在客服部門工作的同仁卻認為，能夠提供快速並且令人滿意，甚至超過客戶期望的售前、售中、與售後的服務，讓雙方建立長期穩定而互信的關係，這才是客戶在意的重點。而生管／品管部門的代表更表示，客戶每次在例行的供應商會議中都會一再強調，提供符合他們既定的日期、品質與數量的產品，讓他們能安心、無慮地完成被交付的任務，免於因工作壓力而失眠，這是最最重要的事。

至於產品研發的同仁則對於客戶不斷提醒，他們絕對不會去購買那些會被同業恥笑，讓自己在公司內抬不起頭來的過時產品的說辭，留下深刻的印象。

其實艾文和詹姆士之前和紅豆餅老人分享銷售工作的經驗時也曾提到過，驅使客戶購買的一些需求。老人當時便表示，不論是B-to-B還是B-to-C的買賣，下決定的最終還是人。而只要是人，就脫離不了某些個人基本的需求與考量。老人接著就舉紅豆餅這個產品為例，簡單地說明了顧客消費的一些想法。

他表示，在同樣的品質及條件下，低價的紅豆餅自然是會比較容易吸引顧客上門。事實上，之前在他的攤位附近，便曾有打著買一送一促銷活動的競爭者出現時，也確實吸引不少撿便宜的顧客上門。有些人不管三七二十一，就是無法拒絕便宜甚至免費的產品，而這都與財富的需求有著密切的關係。

然而，若是那些比較著重養生，認為吃的健康才是首選的客戶，想法就會不一樣。他們會偏好那些使用有機食材，口感比較好，而且不使用人工添加物的紅豆餅。即使每個紅豆餅單價可能高一點，他們也無所謂，畢竟這是必要的代價。

另外，也會有些人只想輕鬆購買，不願花心力在擔心紅豆餅的品質是否不一，或是因為碰到排隊人潮太多而買不到的情況。這時，品牌連鎖店或是產量有一定規模的紅豆餅鋪子就會是最吸引人的。

由於老人擺了多年的紅豆餅攤子產出有限，顧客們常私底下表示，在好不容易買到紅豆餅後，看到其他排隊的人顯露出羨慕的眼光，當下就會有一絲自己已脫離困境的得意感湧上心頭。當然，若能將得來不易的紅豆餅分給相識的人，並且獲得驚喜的反應，自然更能讓自己倍感榮耀。

對於那些像自己兒子一樣，因為紅豆餅和自己珍惜的時光產生了連結，或是從小就習慣來光顧自己攤子的人，這種濃的化不開的關係可就能超越其他的購買因素，成為行動背後的最佳推手。

「其實大家說的都有道理，只是面向不同。」艾文在聽完每個人的反應後，點頭表示。

「客戶的需求不僅多樣化，也會因不同的情境賦予各種需求不同程度的價值比重。到最後，再根據個人或團隊所認定的整體價值，決定若要滿足需求，自已所願意付出的代價。因此，俗稱的CP值（客戶認定價值在分母，市場的價格在分子）將會決定客戶在一定的價格下，其購買慾望的高低；價值越高，CP值越大，購買的誘因就越強烈。」

「這就好比我們買水的情形。」

威廉這時補充說明，「當我們住在河邊或是可以從水井取水時，我們願意支付用水的代價是極低的。因為在量多的情形下，即使水是生活必需品，我們也感受不到水的價值。但是若河水遭到污染，或是因為乾旱，水井乾涸了，這時在用水匱乏的情形下，我們自然願意付較高的價錢從別處取得用水。如果是為了個人的方便或炫耀，去超商買飲用瓶裝水，那麼價格就會更高了。至於在沙漠中攸關生死的飲水，在價值極度突顯的情形下，其相對價格恐怕就只能以黃金來比擬了。」

Amount vs.Price

14

以量制價較好，還是以價制量妥當？

Amount vs.Price

量VS.價 14

行銷策略影響企業形象與品牌價值。以量制價好，還是以價制量較穩妥？企業應隨時思考兩者的重要性，評估能否為公司帶來合理的利潤。排隊行銷（饑餓行銷）會深入人心，是因為消費者怕商品缺貨難以取得。有口碑的品牌若因擔心營收下降而採取折扣策略，往往適得其反。

聽到銷售部門的同事們，用價格來搪塞產品銷售不佳的原因，詹姆士這時忍不住發表了他的看法，「其實價格這種東西，一般說來並不是決定客戶購買產品與否的關鍵因素，除非價格是分辨商品差異的唯一條件。這也是蘇珊在我們內部的銷售訓練中，一再地跟大家強調的，如果客戶因為價格問題而不下訂單，這恐怕是因為客戶對產品價值的認定低於未來要付的金額所導致的。」

他繼續表示，「這就好比我們不會去要求A牌的智慧手機降價，因為它存在我們所認定超過價格的價值，但是卻會去嫌那些已經很便宜的山寨手機太貴，並且要求在價格上再打折扣的情形是一樣的。如果我們一味認為，只有降價才能說服客戶採取行動，那麼恐怕除了產品真的很爛，不值原先的價錢外，或許是沒有突顯產品對客戶的價值，而用了價格這個煙幕彈來遮掩自己的不用功罷了。」

看到有些銷售同仁坐立難安，有點心虛的樣子，艾文趕快出來打圓場，「威廉之前也曾經分享過，產品的售價在創造客戶心理的印象上是

價格在需求上產生的效果不同

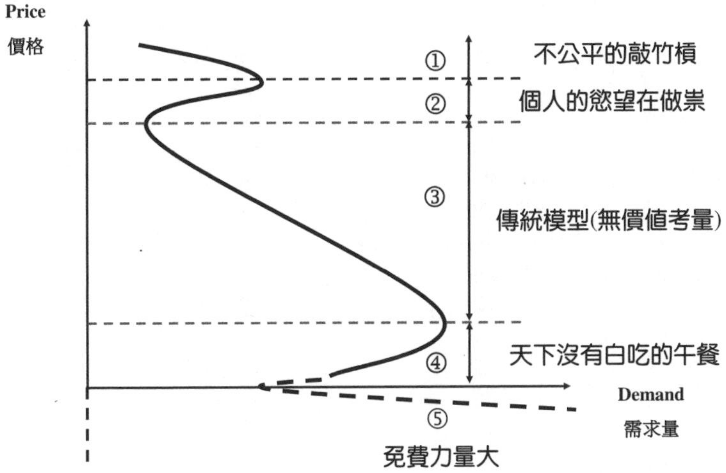

有它一定的功效。例如在比較一般，沒有品牌差異的大眾化產品上，雖然價格不是增加或減少價值的主因，而是購買與否或數量多少的關鍵考量，然而太便宜的東西還是會引起『便宜沒好貨』的負面聯想。不過對於那些無法靠比較來判斷自身價值的高低，或是有一定的品牌知名度及獨特賣點，同時數量又極稀少的產品，定價有時就成為客戶判斷商品價值的標準。」

「的確。」大家都表示認同。

一位在客服部門任職的同仁表示，「看到那些名牌奢侈品，像是首飾、衣服、皮包、汽車、手錶之類的商品，似乎價格越高、越限量就越有價值，搶購的人就越多。感覺好像是買晚了，價格下一回就會更高了。」

「其實買房子或在藝術品拍賣現場搶標，都有類似的行為發生，越貴、越搶手的東西大家就越想買。」另一位同事也發表意見。

「其實我當初分享給艾文這個價格對應價值的想法時，就是根據這個價格對購買量的整體曲線圖所歸納的。」威廉這時利用空檔，在螢幕上投影出一張曲線很像橫過來的英文大寫字母M（類似反向的）的圖形。

他用雷射光筆指著曲線下半部一條向右下方斜行的線表示，「在橫軸為購買量而縱軸為價格的這張圖上，若產品的價格下降，在價值不被影響的情形下，因為CP值變高了，自然會引起顧客的興趣，購買的人就會變多，這在古典經濟學中是一條標準的價格對需求的曲線……」

蘇珊這時接著解釋，「之前我在內部訓練時曾提出，若單純從價格來切入產品的銷售，那麼就會落入了這條曲線的陷阱：想要多賣一點，價格就低一點。這種連銷售門外漢都能做的事，就不該是我們這種專業人士會先去選的。否則，只要透過打個大大的折扣、買一送一、買千送百、累積抵扣點數、團購或批發優惠、熟人推薦回饋、免運費或免費升級等常見的低價促銷手法，就能應付銷量的需求。我想這也是詹姆士剛剛提出的想法，如何找到改變客戶對產品價值的看法，進而提升銷售的可能方法。」

詹姆士這時指著最底部那條由右向左，因價格極低而造成銷售額快速下滑的曲線表示，「我想這部份就是艾文剛剛提到的『便宜沒好貨』的負面聯想下所產生的結果。記得自己剛出道時，也曾想利用超低價來出清庫存貨，結果反而被潛在客戶打槍。他們表示，價格這麼便宜就代表其中一定有詐，要不是品質超爛，就是後續還有什麼坑人的收費。除非產品是真正免費的，否則『天上絕不會掉下免費的餡餅』，事後要付的代價一定更高。萬萬沒想到我當時的便宜行事，反而弄巧成拙，吃了悶虧。」對於詹姆士的自嘲，眾人聽完都哈哈大笑。

威廉這時指著曲線最上面的部份提醒大家，「這種因為價格過高而產生需求急劇萎縮的現象，並不能只用傳統的『價格上升、需求下降』來解釋。覺得被佔便宜的不公平感覺，恐怕才是另一個真正的潛在因素。待會兒，我們可以再花點時間多做補充。」

艾文針對曲線中價格上升，需求同時也上升的部份也表示，「每次看到這個區域，我就想起股市中那些追高殺低的股民，在股票低價時下不了手，卻在價格狂飆時勇於進場。顯然，重賞之下必有勇夫，當個人認定的產品價值增幅已凌駕在價格之上，此時捨我其誰。」

「我在想，世上很少有人能抗拒可讓自己賺錢的產品吧！當然，免費產品則是另一項常人無法抗拒的因素，畢竟免費力量大。」詹姆士指著當價格變成零時，產品需求直線上升的部份做了補充。

蘇珊這時忽然有感而發，「其實人們喜歡免費的產品，除了佔便宜的心態，最主要的是由於之前沒有付出任何的金額去取得，因此萬一認為自己選錯了或事後不喜歡這個產品，是無須因為付出代價而後悔的。這種不用擔心損失的自由，正是客戶的另一種需求。」

由於蘇珊的發想，接下來，會議的討論就自然轉向了顧客心理層面相關的需求討論上。

Battle-Group

15

銷售不能只是單打獨鬥！

Battle-Group

團體戰 15

當今的行銷訣竅講求的是從頭到尾地投入，以及團隊能夠為商品帶來的整體價值與服務。銷售永遠都不是單打獨鬥的行動，它需要各部門一起努力讓客戶認同產品的功能、品質、售價、服務及公司形象。

其實紅豆餅老人在先前和艾文閒聊時就曾提到，許多長期向他購買紅豆餅的顧客，其實是衝著對他個人的信任，以及可以安心食用他親手做的紅豆餅而來的。這些人經常向紅豆餅老伯表示，無論外面的無良商人是否成千上萬，黑心食品如何泛濫成災，但對於老人這攤他們從小就吃的老字號紅豆餅，則是絕對放心的。

他們知道，老人製作紅豆餅價格實在，而材料的品質及製作過程也必定是掛保證的，同時，每一個紅豆餅吃起來的味道及口感都一樣，不會因為品質上的差異而令人擔心。當然，老人風雨無阻地長期擺攤，也讓顧客不用擠破頭地搶購。大家都知道，只要自己有心，肯花時間排隊，一定可以自在地買到想吃的紅豆餅，不用擔心哪天攤子就突然不見了……。

事實上，也就是這份信任，讓顧客願意帶著自己的下一代來購買紅豆餅，並且推薦給其他的親朋好友。

「能讓客戶們願意我們長期合作，向我們購買，把我們當做他們關鍵的供應商夥伴，同時不會因為價格上的短期震盪，聯絡窗口的變動，或是競爭對手的挖牆角而琵琶別抱，這正是我們最大的願望。然而，這種狀況是需要雙方之間全然的信任。因此，在品質及價格方面的誠信，答應的日期及條件絕不打折扣，讓對方可以無憂無慮地放心購買，享受圓滿完成任務時的樂趣及成就，這就是我們的責任。」艾文表示。

威廉點頭表示認同，「就像之前業界曾盛傳，如果公司內部負責IT設備的採購人員向專賣企業大型電腦主機的I公司購買產品，雖然在價格上可能不盡理想，甚至比業界的平均值還高一些，但這些採購人員最多只會因為殺價結果不盡人意而被抱怨，卻絕不會因為做了這項決定而被開除！因為大家都知道，I公司的產品價格雖高，但在品質及售後服務到位的條件下，使用者不會因為搶便宜而造成公司營運上的巨大損失。假如連I公司的產品都會出包，那麼別家的機器恐怕也好不到哪裡去了。這就是一個長期耕耘品牌，在消費者心目中建立了無可取代的地位，所產生的心靈加值。」

「只可惜相同的產品在換了一個新品牌後，往往就失去了這種令人安心的魅力。」蘇珊這時重重地嘆了一口氣。

「品牌所帶來的無形的價值是很難被移轉或取代的。」

「其實在不同的產業裡，許多公司的產品是以讓客戶覺得品質穩定，可以放心使用來做主要訴求之一。」威廉繼續他的話題。

「像以賣速食漢堡的跨國企業M公司，它所提供的許多食物既不健康，口味也不特殊，在價格上往往也比當地的小吃店更高，但是，卻能在全球任何的地方攻城略地。我想，它依靠的就是品質一致的食材，以及令人信賴的服務，讓客戶隨時隨地登門用餐，絲毫不用擔心出現任何意想不到的情形。」

詹姆士這時也搶著表示，「我記得許多替知名品牌產品代工的製造商，除了那些沒有什麼競爭力，只靠超低價格來搶單的以外，確實有少數幾家可用蠻高的報價來做生意，但卻不用擔心客戶流失。雖然，公司本身的技術、生產及服務的能力以及銷售的議價方式是必要的，但是說一不二的工作態度與誠信文化，更是讓其出類拔萃的條件，難怪IC製造業內的T公司就敢號稱『和我們合作，你一定可以高枕無憂、一夜好眠！！』。

反觀我們的公司，依照現況來說恐怕就無法做出這種豪氣干雲的保證了……」聽到這裡，有一、兩位同仁不禁低聲嘀咕，「這不是廢話！我們又不是T公司，還需要你來批評？」有些同事則面露不悅，欲言又止。

「其實我認為，讓客戶買得安心、快樂，覺得受到公平待遇，並且會再度光顧的最主要關鍵並非來自公司內某個部門或是某個人的影響，它是所有的因素，包括產品功能、品質、售價、服務、過程、形象、事件的反應等，甚至客戶無意間和某位員工的互動，所產生的綜合指標，很難歸類於單一條件。而這些指標性的A公司、I公司、T公司，也很難保證它們的產品或是形象不會在短時間內土崩瓦解，好比另一家賣手機的N公司就是一個最好的例子。」看到會議室內的氣氛有些不對，為了避免公司各部門之間的同事因詹姆士的直言而相互指責、橫生枝節，讓會議主題失焦，蘇珊趕忙跳出來打圓場。

威廉此時也站起來表示，「在還沒有進入下一個主題前，我們不如先休息個十五分鐘吧！」

Order-Form

16

把客戶當夥伴，訂單就繞著你打轉。

Order-Form

訂單 16

訂單只是銷售的開端，切勿沾沾自喜，服務到位才是銷售得以延續的關鍵。此外，單打獨鬥的觀念已漸式微，成功的銷售就是團隊銷售的成功。優秀的銷售主管必須與同事相處融洽，與跨部門的同事共組銷售團隊，一起將顧客當作夥伴來經營才行。

「詹姆士，利用這個空檔請你到我辦公室來，想跟你談談方才在會議中的一些說法。」蘇珊請詹姆士入座後表示。

「我知道你的一些直言及評論都是出於善意，希望大家能在工作中扛起應負的責任，摒除門戶之見，以公司利益為重。我也感覺到，你及大家也都希望這次的產品銷售能夠順利進行並且成功。只是我在思考，在會議那種公開的場合中，直接挑戰同事們的一些想法及做法是否恰當？有沒有更好的方式？」

「其實我也不願意把氣氛給搞僵。」詹姆士有點不好意思地抓抓頭。「不過看到大家把一些似是而非的原因當作失敗的藉口，我就忍不住有點抓狂了。其實我也只想就事論事而已，並不是對他們個人有意見。」

蘇珊若有所思地表示，「詹姆士，你說的沒錯，想法也正確，我只是在想，是否有什麼更好的方法可用？畢竟這些人都是你的同事，不是你的部屬，並不需要聽你的命令，接受你公開的批評。我在想，你會直接在公開場合指出客戶的錯誤，並要求他們改正嗎？」

對於這個問題，詹姆士直覺地搖了搖頭。

「很好！那你覺得用什麼方式會比較好呢？」蘇珊繼續追問。

對於蘇珊的緊迫釘人，詹姆士想起了之前紅豆餅老人對他及艾文的分享。

老人當時曾針對他放棄之前銷售事業的原因做了一些說明。他表示，除了因為自己逐漸喪失奮鬥的目標，加上種種的家庭變故及個人健康因素，讓自己的銷售熱情不復存在之外，一位老客戶的反應與離開更是讓他深感震撼。那位有著多年交情的舊識在一次無預警的情形下取消了一個大訂單，這個結果震驚了老人。之後，老人雖千方百計地想找出原因，但都無功而返。直到他和這位老客戶都認識的一位共同朋友閒聊時談起，老人這時才了解內情。

原來，老客戶對老人長久以來的無理與驕傲已到了無法忍耐的地步。朋友表示，雖然老人的專業能力以及所銷售的產品品質無庸置疑，而客戶和老人多年建立起來的關係也算深厚，但老人在成功後所表現出來的無禮言行，以及在彼此對話中充滿傲氣的批評，卻一再傷害了客戶的自尊，讓他感到自己在老人面前就像白癡一樣地被耍。此外，老人幾次在銷售作業上的疏忽，也讓客戶對老人失去了信任。在諸多不滿的情緒一起爆發後，於是造成了客戶最後的轉單。

「其實當時傷害我最大的不是那位客戶，而是和我一起打拚的夥伴們。」老人回憶道。「在財務吃緊之下，許多同事趁勢打退堂鼓。原來，他們留在公司全是為了豐厚的報酬。否則，在我平日無情的責備與批評下，這些自尊心受損的人早就跑光了。而一位我十分信任的夥伴在臨走時還虧空了公司一大筆錢，只因為他要報復這些年來我加在他身上的屈辱……」

「其實顧客向我們買東西的原因，除了一部份是為了滿足個人的自尊，增加自信的程度外，絕大多數客戶回購的原因都是因為在購買過程中，我們沒有讓他們丟臉，覺得自己像個白癡，也不會出現最終談定的價格或方案讓他們有被耍、當了冤大頭的想法。這些都和當事人感覺是否公平，有著絕對的關係。」蘇珊解釋。

「同樣地，對待同事的方式也和招呼客人很類似，如何引導他們自動自發地接受我們的想法，配合我們的計畫去行動，會比單純的銷售東西更不容易完成。也難怪有人說『把別人的錢放到我們的口袋很難，把我們的想法放到別人的腦袋裡更難』。這也是我雖讚賞你銷售的能力，也覺得你可以成為同仁們的表率，但是直到現在我卻還一直在思考，該不該將整個銷售團隊交給你來帶領。畢竟，業務員和銷售主管的職責之間是有很大的不同。主管如何將自己的想法及做法傳遞給下屬，創造一個產生綜效環境，讓員工們能夠站在巨人的肩膀上看的更遠，做的更好，學的更多，是需要花功夫的。我希望你能了解我的用心，並且能不斷學習，補強你的不足。」蘇珊面帶期許地看著詹姆士。

Brands

17

品牌的力量，永遠勝過商品的價值。

Brands

品牌 17

對消費者而言，品牌力量有時就像是一種信仰，除了滿足自尊與自信上的需求，同時也豐富了消費者對心靈幸福的追求。這群粉絲透過與商品關係的強化與延伸，將對行銷產生雪崩一般的擴大效應！

在經過短暫休息後的會議中，艾文再次對眾人點出了自尊與自信是客戶在購買時的隱形關鍵動力之一。他表示，「譬如A牌電子產品的購買者或是一些奢侈品的擁有者會將這些自用的產品，大拉拉地擺放或展示在明顯的位置，讓旁人都看得到，藉以顯現自己的成就、品味與驕傲。雖然看到的人不一定會對擁有者表示什麼，擁有者為了取得這些產品所花費的金額，又遠超過其他較平庸的類似產品，但是因為這種炫耀所獲得的個人心理上的優越感與滿足，足以彌補金錢上的巨大付出，讓自己覺得物超所值。」

「其實依功能而言，有許多所謂的山寨級的仿冒品並不比原廠差，有時甚至還更好。」一位研發部門的同仁把玩著手中的手機。「就像這部仿冒A牌的山寨機，不但外表和A牌最頂級的樣式幾乎一模一樣，功能一應俱全，甚至還加了許多比原廠更貼心的新功能。而最令人讚嘆的是，它的價格要比原廠還要低上許多。這玩意兒在一般所謂的性價比上，可比原廠的高出許多。如果我不說，你們根本就不知道這不是原廠出產的。」

「還真的耶！」一位同事拿著那個山寨機反覆地檢查，驚訝其仿冒的唯妙唯肖。

「我也很想買一隻……」

「我想，購買與否的確就看顧客要的是什麼？」銷售部門一位剛結婚的同仁緊接著發言。

「像之前我趁出差之便，想在當地買幾個名牌的Ａ級仿真包包送老婆，表達自己的心意，卻被她在電話中吐槽。老婆生氣地表示，在我心目中她怎麼只配擁有贗品的等級？想省錢也不是這樣子的，直罵我沒良心！害我只好買一個貴了好幾倍的真品送她來平息怒氣。看來贗品只適合買給自己用，若要當禮物送人，恐怕會引起對方誤會，認為自己被看輕了。」

聽到這裡，會議室裡的氣氛頓時輕鬆不少。

這時，艾文注意到，詹姆士在休息後並沒有再出現。

紅豆餅老人之前就跟艾文提過，當年附近那攤來搶老人紅豆餅生意的競爭者雖然使出低價、多樣甚至口味極相似的促銷手法，但是除了少數一些自用的客人外，那些為了家人或送禮而來的客人卻不為所動。他們向老人表示，仿冒版的紅豆餅在整體感覺上就是不一樣。雖然價錢可能比較低，但在價值認知上就是不能相比，而且，自己也沒臉送仿冒的紅豆餅給親友享用。

這時，銷售部門的一位年輕同仁舉手表示，產品這種東西能否彰顯購買者的面子，讓他在眾人面前表現出高人一等或品味出眾，除了是由公司品牌及產品定位和個人主觀認知交互作用所決定之外，取得產品的難易程度，有時也會影響購買者對該項標的物的評價。一般而言，那些讓客戶在店家門口大擺長龍的商品或服務，以及網路上預購得等很長一段時間才能取得的限量產品，都會讓人覺得價值不凡。這個現象再再顯示，等待的時間具有某種讓消費者感到自豪的魔力。

「啊，終於有人提到了『時間』因素這個關鍵字了。」艾文心想。

「時間固然可為產品加分，不過它在客戶需要服務的過程中，卻有可能變成一個讓人覺得不受尊重的負面因子。」一位客服部門裡的女性同事提出自己的想法。

「在遇到狀況時能否既省時又省力地處理妥當，是客戶評估自己是否受到商家重視的要項之一，這個結果同時也影響到個人對自己重要與否的解讀，因此，客戶是否快速獲得答案，就會成為自己未來是否回購決定的重要參考。基本上，這種被迫耗費的時間和剛剛提到的主動購買時所花的時間，雙方其實會產生迥然不同的心理效果！」

「太好了！」艾文不禁暗暗讚賞，「這段話已為我接下來的『紅豆餅時間價值方程式』埋下了伏筆。」

Tolerance

18

我信任你，所以我容忍你！

Tolerance

容忍 18

「鯰魚效應」固然能激起週遭人們的覺醒與改變，但敵對關係也可能在不經意中產生適得其反的效果。和客戶之間的信任關係將決定客戶對銷售人員言行的解讀，以及互動時相對的容忍度。相同的道理也適用在其他人身上。

「詹姆士，昨天是怎麼回事？你在忙些什麼？為什麼你在休息過後就沒有再回到會議室呢？」艾文隔天在走廊上碰到詹姆士時，不禁攔住他抱怨。

「你是臨時有事嗎？沒有你這位關鍵人物的參與及刺激，之後的會議討論就失去了熱度，題目也無法做更深入的探討。在大家的同意下，我先將逐漸走味的會議結束，之後再找時間將尚未討論的項目補齊。不過你也知道，產品推出的時間已經十分緊迫，大家都得加把勁了！」

「真抱歉！我沒告知你臨時有事，得先離開。不過，我還以為少了我這管大砲，會議會進行的比較順利呢！」詹姆士撇了撇嘴表示。

「這你就搞錯了！」艾文拍了拍詹姆士的肩膀，「在這種企圖找出和以前做法不一樣的會議中，就是需要你這種直指問題核心，勇於提出不同想法的人才能突破現狀。這就好像放一條橫衝直撞的鯰魚到一群死氣沉沉的沙丁魚中，為了防止被鯰魚咬到，到處亂竄的沙丁魚自然就會成為生氣勃勃的警覺者。」

Tolerance 容忍 18

「什麼時候我變成了攪局的鯰魚？！」詹姆士笑著表示，「不過你的說法倒是給了我一些啟示。其實不瞞你說，昨天蘇珊有點擔憂我在會議時對著同事們流彈四射，不給情面，因此在會議休息時，她點醒了我一下。不論是我們的客戶、同事還是親友們，每個人或多或少都會評估和我互動時，自尊心是否受到傷害。假如感覺不對或是覺得受委屈，認為自己遭受不公平的待遇，除非是因為某些不得不的重要原因，可以說服自己不在意或是隱忍，否則自尊受到傷害的人遲早會透過某個情境，將所受的委屈與不滿給連本帶利地發洩出來，這時情況就不一定能善了了。」

「嗯～，這讓我不禁想到，或許是彼此之間信任度的高低、關係上的強弱、當事人對事情看重的程度，以及當時所處的環境，讓結果大不相同。」艾文表示同意。

「在一般情形下，我們對信任度高的人多半會比較包容，也比較不會因為對方某些不合情理的言行，覺得失了面子而無法釋懷。但是彼此信任度較低的人可就不一定會這麼寬宏大量了。也許，我們個人主觀上的期待是決定自尊是否受損，以及事後反應大小的決定因素也不一定！」

「的確，當蘇珊指出這點時，我當下還不確定為什麼同樣的一些言行，有些人會認為自己被冒犯了，自尊心受到傷害，有些人卻不以為意，視若平常，這難道是個人修為？像蘇珊對我的直言忠告或你剛剛開的玩笑，我就能欣然接受，但換了別人對我這樣子，我會不會失控恐怕就說不定了。」詹姆士說到這裡不禁搖了搖頭。

「其實，這也反應在我們平日買東西的行為上。」艾文感嘆，「每當A公司推出一款新的智慧手機，市面上總會出現一機難求的情形。對於那些忠實的粉絲們而言，能夠第一時間買到新品就已謝天謝地了，誰還會管那些原本看重的，像是設計上是否有瑕疵？銷售人員是否無禮？價格是否太過昂貴？產品的售後服務是否不便諸如此類的問題？此時，個人的超低期待就可以讓自己的容忍度大增。可是對那些不是粉絲的新顧客而言，這種缺貨又要排隊的情形則是絕對無法忍受的。」

「假如艾文剛剛提到的，當下的期望及後來的經驗是由之前的個人印象及感覺來決定的，那麼，我或許真該下點功夫去改善自己和同事之間的關係，建立更友善的印象。在具備足夠的互信基礎後，才能減少日後不必要的衝突！」詹姆士心想。

Public Praise

19

沒人願做第一隻白老鼠！

Public Praise

口碑 19

別把消費者當笨蛋！人們會積極尋覓該項商品的共同使用者，並且取得使用經驗，藉此降低自己的風險。多去了解客戶使用產品的經驗及意見，將有助於客戶自願推薦給其他客戶或商業夥伴。

在接下來的日子裡，艾文和威廉忙於公司新品上市的準備與推廣，而詹姆士及蘇珊則針對新品銷售及相關的客戶服務，和負責生產、通路及客服的單位密集地協調中。對他們而言，公司的新品上市有著只許成功不許失敗的壓力。

雖然在之前的會議中，有關產品價格因素有被大家提出來討論，而其影響購買者的程度又因為牽扯到個人獨特的自尊與意圖因此莫衷一是，不過與會的夥伴們均同意，提供一個令人感到安心，不會損害消費者權益，品質也具備說服力及一致性，使用上的風險偏低及高方便性等，是產品最基本的要求。至於產品的功能是否齊備，產品的外型或包裝是否吸引人，搭配的售後服務是否貼心或令人驚豔，購買體驗是否吸引人等因人而異的訴求，則是和商品定位有著一定程度的關係。

「其實對我們這些從事商品生產及銷售的公司而言，如何透過產品與服務來和客戶建立互信基礎，讓平凡的交易關係提升為猶如夥伴一般相互依存與滿足的緊密連結，進而創造出產品的忠實粉絲群，將是我們接下來必須一同努力的目標。」在之後的會議討論中，有關產品和客戶間的關係，詹姆士進一步提出了個人的看法。

在親眼見識到不辭辛勞，願意花時間、金錢、精力只為了買一袋老人剛出爐的紅豆餅的排隊人潮，或是自身經歷了為了家人，自願和那些忠實的粉絲們一起排隊，搶購老牌歌手回顧演唱會的門票，艾文開始領悟到，為什麼A牌智慧手機能夠創造出大批熱情而忠實的『果粉』，這群人會用盡各種方法來表達自己對該項商品的支持。這其中除了產品或服務本身所創造的黏著度以外，客戶間因為對產品的認同所產生的具針對性的族群關係，也會隨著彼此間的互動而逐漸強化。

「說實在的，個人需求固然重要，但同伴之間的相互取暖或比較，則是購買背後的關鍵角色。」同事琳達在聽到詹姆士和艾文大聲討論新品的銷售訴求時，忍不住插話……。

「像我們女孩子在買衣服、首飾、包包、化妝品、鞋子或是去剪髮時，雖然是基於愛美的天性，想讓自己倍覺自信，但是朋友們的意見與分享，社會中的流行與趨勢，旁人所投射出來的眼光是批評或讚賞，每一項都具有決定性的影響力。」

「嗯～，這讓我聯想到，不只是女孩子的裝束，連標榜成就自我的路跑或業餘鐵人三項，訴求雕塑完美身形的健身房，強調身心靈健康的瑜珈或舞蹈教室，甚至以便宜省錢為號召的團購，或是展現身份地位的藝術品拍賣場，其訴求都和在場的其他參與者脫不了關係。這種潛在的相互支持與競爭關係的確具有推波助瀾的效果，讓我們決定是繼續參加還是乾脆退出活動。」喜歡與人別苗頭的詹姆士略做思考後這樣表示。

艾文也有所感觸，「我想這也是之前紅豆餅老伯所提過的，雖然有競爭者打著養生、種類繁多、高品質、低價位的訴求來搶生意，不過在老伯強大的粉絲團不約而同的抵制下，競爭者最終還是鎩羽而歸。」

「對了，你們最近有見過紅豆餅老伯嗎？」詹姆士忽然冒出這一句話。

「有事嗎？」琳達好奇地問。

「前幾天我想到老人曾提過，他之前因為傷了合作夥伴的自尊而受到了背叛的報復，因此想去問問他對同事互動的看法，順便買一點療癒的紅豆餅。不過聽說老人已經有好一段時間都沒有擺攤了，這讓我感到十分不尋常！而詢問附近的鄰居，他們也不知道老人去哪裡了。」

「難怪我昨天去，也撲了一個空！」琳達恍然大悟。

「嗯～，之前我去拜訪老人，請教有關排隊的時間問題時，曾聽他提到，因為個人健康的關係，有意將攤子收了回鄉下養病。不知道會不會跟這個想法有關？」艾文表示。

「他為什麼不傳給兒子呢？我看他兒子也常常在旁邊幫忙啊！紅豆餅會不會就此失傳了。」琳達有點擔心。

「也許他兒子沒有興趣，或是沒了老人，紅豆餅和顧客之間的緊密關係就會變質了也說不定。」艾文表示，「我想，等我們手邊事情忙完後，應該再去他家拜訪一次才對。」

詹姆士這時輕輕拍了一下艾文的肩膀，「你好像蠻了解老伯的想法耶！跟我從實招來，你在會議中提到的那些客戶需求，是不是也是從老伯那裡偷學來的？」

「……」

Trust

20

企業文化與商品競爭力，信任感在這裡！

Trust

信任 20

好的業務員要能隨時知道客戶對公司及產品的想法，並且透過有效的溝通給予回饋。競爭力與信任度是一種相輔相成的關係，企業忽視消費者會造成信任感的流失，而商品延誤上市或功能不彰，會導致競爭力下降，失去客戶的信任。

每當艾文走在熱鬧的街頭上，看到櫛比鱗次地排在大街小巷兩邊的商店，店家企圖運用各種商品或服務來吸引顧客上門，他就會駐足觀察良久，試著找出賣點，並為結果的大不相同，感慨不已。

主要是，有些店家抓對方向，生意火紅到店鋪內外擠滿了消費人潮，甚至有些排隊的人龍可以長達數十公尺。但是，也有些店家似乎搞不清楚自己到底在賣什麼，不但生意做到門可羅雀，而且在該有人上門的時段，店內也是空無一人。只見店員們大多低著頭猛滑手機，打發等待客人的無聊時間。「這些入不敷出的商店不曉得還能維持多久？」艾文心裡不禁在評估。

事實上，艾文注意到，有許多之前才大張旗鼓開業的商店，沒多久之後就悄悄歇業或換人經營，這些前仆後繼、勇往直前，卻又在燒完資金後黯然退場的戲碼，似乎總是不停地在這座城市中上演。

「其實不管店家規模大小或投入的營運資金是否足夠，能否吸引人潮，長久經營下去，主要還是看兩個因素。」在艾文有次向紅豆餅老人詢

Trust 信任 20

問紅豆餅攤子前的排隊人潮歷久不衰，究竟有什麼秘訣時，老人大方分享了他的經驗。

根據老人的說法，如果一個店家所提供的商品或服務不存在任何的特殊賣點來滿足購買者的潛在需求，商店倒閉就是指日可待之事。「但他們可以用降價促銷的方法來扭轉乾坤啊！」艾文有些懷疑。

「難道這樣子也不行？」

「這就是一般人的盲點。」老人表示。「如果做生意的不求利潤，只求虛胖的規模，寅吃卯糧，那平日營運所需要的資金要從哪裡變出來呢？」

「可是眾多花錢如流水的新創網路公司中，有些公司不也是活的好好的？」艾文質疑。

「這是因為除了販賣未來的財富給投資人之外，到訪流量所帶來的關係紅利也是重要的訴求之一。」老人解釋。「一旦連結的規模不如預期，賺錢變得遙遙無期時，那麼再有實力的投資人也是會抽腿的。」

「其實，我並不是說降價方式絕不可行，畢竟它也是我們剛剛討論過的那五大需求中，達到財富自由的一種型式。只是這種方法人人都會用，並不獨特。事實上，它有時反會降低了物品或服務在客戶心中的價值，提高日後漲價的困難度。何況，有許多店家完全都沒有降價，東西還不是賣得有聲有色？！商品會不會大賣，完全取決於客戶是不是想要得到它！」

老人接著又表示，固然沒有任何賣點的東西保證銷售上的必然失敗，不過如果商品只具有一種普通的訴求或是賣點，那也是沒有希望的。像那些企圖用低價來搶現有商品市佔率的後進者，如果不能提供更好的訴求像是令人安心、無憂的品質與服務，透過物超所值的觀念，讓消費者覺得自己是英明的、令人稱羨的、可以到處去宣傳的等，那麼自然就無法撼動已具有品牌地位的現存者。

然而，如果所銷售的產品或服務具備兩個甚至更多的獨特賣點來滿足客戶的需求，那麼想要滯銷也不容易的。老人隨即分享了他一位從事代工服務業的朋友例子，說明有不同獨特賣點的重要性。

原先他朋友的公司以誠信、技術佳、服務貼心而在代工業享有不錯的口碑。基本上，所有的客戶可以十分放心地將自家的產品交給其生產，不必擔心內含的核心技術會被偷走，預定交貨的日期會延誤，產品的品質不符合期望，或是製造的技術不夠先進。雖然朋友公司的收費並不便宜，但是可靠的生產服務可以讓客戶擁有穩定的貨源，足以因為市場上的先佔優勢、製造商的口碑、較佳的良率，而在之後賺更多。這樣的結果不但照顧到客戶的荷包，不用擔心出貨，且讓採購人員無形中減輕了不少的工作壓力，覺得自己在公司內連走路都有風。

只可惜在一次員工監守自盜的疏失下，多項產品的核心技術被客戶的競爭對手偷走了。而當消息曝光後，公司所標榜的諸多特殊賣點一夕之間全部崩盤。在互信基礎破滅的原因下，許多客戶決定轉單，造成公司營業額驟減。為了挽回頹勢，公司決定降價來吸引訂單，但此舉不但影響未來技術研發的投入，也讓公司淪為二線廠商，至今都無法翻身……。

「難道失去的特點就再也無法恢復？」艾文自忖。

老人這時感嘆，「假如我做的紅豆餅因為自己的輕忽、不衛生，讓人吃了拉肚子，那麼只要發生一次，整個紅豆餅所具備的特點都將化為零。因為，我丟掉的是最關鍵的客戶信任，它是一旦喪失就不容易再補回來的。而且，在現在網絡信息傳播如此方便的時代，任何一個差錯都會被無限放大，足以讓我身敗名裂。事實上，這也是我當年事業一敗塗地的關鍵，畢竟當員工、夥伴、客戶都不再信任我時，我做什麼就變得毫無意義了。」

Honesty

21

遵守「誠實為上策」，客戶期望值UP

Honesty

誠實 21

「Honesty is the best policy.」是經營客戶期望值的最好藥方。當商品具備長期累積的口碑，或是品牌價值取得大眾認可，方才能用排隊（飢餓）行銷控致消費者的期望值。若客戶對產品的期望不高，那麼在買不到的情形下，花越長時間的等待，所產生的失望就會越高。

「信任是一種非常個人的主觀感覺！」聽完艾文的描述後，琳達不禁思考。

「這我知道，信任和感到公平與否，雙方其實有著極大的關連。」詹姆士一副胸有成竹的樣子。「像我常常聽到客戶抱怨，他們又對哪一家供應商產生疑慮。追根究底還不就是因為個人期望和獲得之間產生落差，覺得不公平而產生的。」

琳達這時心中不免感觸，「從老伯所舉的那個代工廠的例子來看，顯然我們的期望是這一切感覺的源頭，對吧？！」

詹姆士點了點頭表示同意，「妳說的沒錯，這可是業務員的必備認知：一定要滿足客戶的期望。不過還有一個不傳之秘是銷售老鳥包括世界級的A公司也常常用的，就是先掌控並管理客戶的期望，再設法滿足它，即可創造令人滿意的經驗。」

「管理客戶的期望？！你有沒有搞錯？要客戶滿意都不容易了，還要管理他們，真是天方夜譚！」琳達聽到這邊有些不解。

「這就是秘密的價值所在。它不但是紅豆餅老伯這種多年經營者的智慧，也是許多匪夷所思的熱銷產品大賣的原因。」詹姆士這時忽然無厘頭地問了琳達一個問題，「妳想上網搶購那隻限量的手機，到最後到手了沒？」

「沒有。」琳達沒好氣的回答，「廠商提供的數量太少了，根本就是秒殺，搶也搶不到！」

詹姆士接著又問，「假如琳達妳事先知道，這款手機是無限量供應的，妳還會這麼想要嗎？」

「這就難說了，畢竟它的性價比在同儕中並不突出！」

「這就對了！」詹姆士一拍大腿，「當妳的期望被廠商給壓抑到，只要買到一隻就心滿意足時，要滿足它也就變得容易多了，這就是先管理客戶的期望，再想辦法去滿足或超越它的做法。當然，這個做法必須是奠基在產品已在客戶心中擁有一定的信任度，才能奏效。」

「我在想，如果我在購買某項東西時，出乎意料地獲得了廠商特別優惠的待遇，讓我對它的印象更好，我是否就會不自覺地提高了自己的標準，希望下一次也能得到相同或更好的對待。是不是這種不合常理的高期待，反而讓自己更容易失望？」艾文表達了他的想法。

「由奢入儉難，這是有可能的！」詹姆士點了點頭。

「雖然滿足或超越客戶的期望是大家常喊的口號，不過會不會因此養大了客戶的胃口，讓他們存有不切實際的想法，甚至墊高了製作成本，這都是需要深思的。我們做銷售的常開一個玩笑就是，絕對滿意的客戶來自於買下高單價商品卻不用付錢，而且還有貼心完善的免費售後服務！可是，這並不代表他們會感激這一切，並且會持續回來買其他的東西。」

琳達這時不禁哈哈大笑起來，「的確，免費的好東西我當然不會拒絕，不過我也怕得在其他的地方付出更高的代價。」

「事實上，在付出讓客戶絕對滿意的昂貴代價後，賣方未來能否透過買賣回收成本，這其實是令人懷疑的。」艾文也深表同感。

Honesty

誠實 21

詹姆士沉思了一會兒後忽然詢問，「對了艾文，你上回在會議中提出來的『紅豆餅時間價值方程式』是不是和客戶的期望也有關連？我一直很想把它放在我深入人心的銷售錦囊中，做為未來可參考的想法之一。」

Deadline

22

「等待」既是銷售補藥，也是致命毒藥。

時間能夠強化消費時被公平對待的感受，進而取得信任。將客戶當作夥伴或好友的業務員通常了解，用適當地方式，誠實面對期限的重要性，將是不可或缺的銷售心法。惟雙方互信基礎若不再，則該項商品恐將列入對方永不考慮的名單之一。

上次艾文去見老人時，除了和他談到因個人既定印象、對未來的期待以及當下所感受的經歷，相互交織作用所產生信任與否的問題外，對於排隊時間長短會不會讓顧客產生公平與否的想法，也進一步交換了一些意見。

之前艾文曾依照他的觀察發現到，排隊買紅豆餅的人潮中，有些人會因等待時間太長而放棄，也有些人在等了一陣子後發現，老人當天現烤的限量五百個紅豆餅因前面的人買太多，輪到自己時恐怕已告罄，故而抱怨不已。因此他當時建議老人，何不實施購買紅豆餅的配額制度，限制每一位顧客購買的數量，這樣子就可以滿足更多排隊的顧客，不但能預估可服務的數量，避免顧客排隊卻買不到，也可創造出一個較公平的氛圍。

但是，這項提議不但被老人打槍，也被琳達的親身經歷視為創造更多不平的措施，畢竟它奪走的是消費者的自主權，也會讓別有用心的人有機可乘、賺取暴利。不過人心難測，艾文知道沒有購買數量限制的做法，在碰到惡意收購的人時，同樣也會踢到鐵板。

「其實要選哪一種方式，或會引起哪一種的反應，是跟產品的性質，以及個人對產品的價值認知有關的。」老人回答。「像我賣的紅豆餅由於價格不高，不能囤積久擺，必須在出爐後即時品嚐才能感受到它的美味，加上我每隔一天就會來擺攤，因此只要有心就絕對買得到，不愁別人搶先一步。這種隨自己意願所做的選擇，自然就沒有時間因素上的考量，顧客也不會因為等待過久而心生不平。畢竟，大多數的顧客都是因為人際關係的驅使，想要分享紅豆餅給其他自己關心的人享用，所以才會願意花時間來排隊的。而且，排得越久，代表越不容易獲得，這個結果將越能彰顯紅豆餅的價值。那些只為了個人需求或是心不甘、情不願被迫的來買的人，由於本身就對紅豆餅的評價不高，自然就會抱怨等太久而放棄。」

艾文這時突然領悟了，「老伯，您的意思是說，長時間的等待是否會造成當事人的不滿，或是反而提升他們的渴望度，這全看自己對這件事情的看法？」

「是的！」老人點頭表示嘉許。

「這樣說來，我就能理解為什麼排隊買紅豆餅的人，有些人會越排越來勁，不但買了以後會到處炫耀戰利品，還會再三地回來，而有些只排了一下子，就氣呼呼地走了，並且揚言再也不會回來光顧。原來時間在這裡扮演了推波助瀾的角色。」艾文終於茅塞頓開。

「我把購買過程中用來等待的時間稱為『慾望的調味料』，因為它不是買賣的主訴求，卻在過程中產生畫龍點睛的作用。」老人補充說道。

「調味料？！」對於這個比喻，艾文有些啞然失笑。

老伯這時指著放在桌上一鍋準備好的紅豆餡表示，「這鍋餡料的主要角色是紅豆及砂糖，它們的品質必須是一流的，才能滿足挑剔的客人。但是為了讓紅豆餡的甜味能被突顯出來，卻又不至於產生甜死人的錯覺，所以我必須加入適當的鹽來調味。只是鹽在這裡不能單獨存在，否則紅豆餡的味道就變得很奇怪了，但鹽也不能放太多或不夠，否則就喪失了提味的功能。至於要如何拿捏，就看你想要讓它產生什麼樣的效果了。」

Sales

23

「價值×時間」＝100分的銷售SOP

Sales
銷售 SOP 23

以創造價值做為核心思想，與客戶在財富、心靈、自尊、關係、形體等方面的需求緊密結合。保險櫃業務員應針對客戶家中貴重物品的安全保障做訴求，而非強調保險箱本身的堅固度。了解客戶在價值上真正的認知與需求，再加碼「時間」因素，銷售成功的機率將大幅增加。

「我知道了，你的『紅豆餅時間價值方程式』就是從這裡導出來的，是吧？」詹姆士下了結論。

「是啊！」艾文把他推衍出來的公式用筆寫在一個白板上。

他接著指著方程式表示，「在等號右邊括號內位於分子位置的這個V，代表的是我們針對某項事物所認定的價值，在分母位置的P則是代表獲得分子時所要付出的代價，括號外右上角指數位置的T，則代表的是等待所需的相對時間。而在等號左邊的D則是表示我們的需要程度。」

「這個方程式看起來蠻簡單的，它真的能反應在整個購買過程中『時間』這個因素？」不知什麼時候，威廉及蘇珊都端了一杯咖啡走進辦公室，並且分別坐在擺牆旁邊的沙發兩側。

「太好了，關鍵人物都來了。」艾文心想。

蘇珊這時盯著括號內的分數想了一下後表示，「如果把分子這部分所代表的價值縮小成產品的功能，而原本分母部份的代價變成價格這一個項目，那麼我們就得到所謂的性價比了。」

「的確！」詹姆士同意，「性價比是許多購買者用以評估產品值不值得買的最簡單的方法，不過也因此省略了一些非實體的因素。」

「是的！」艾文點了點頭，「我不直接用性價比，就是怕大家只注意到看得見的東西，卻忘記了許多重要的因素也影響著我們對價值的判斷，以及許多非物質的付出也可能是極大的代價。」

威廉思考後表示，「之前艾文在會議中有和大家討論過，針對價值，除了產品或服務本身所具備的內涵外，許多隱藏的訴求若能滿足購買者或當事人的需求，像是財富、心靈、自尊、人際關係、形體等方面，則整體認定的價值就會增加，反之，就會減損。」

「哇，都記得耶，太厲害了！」艾文讚歎，「其實除了這些有形或無形的特定價值外，我們對此事物的期望及感受也決定了認定商品價值的高低。譬如說，若對某家著名的餐廳早就嚮往已久，一直想抽空去品嚐，但總因故無法成行，高度的期待自然會對這家餐廳評價較高。如果已經去過，且認為是言過其實、感覺不對，或已去過好多次，卻又被迫得再度光臨，自然評價就低。只是訴求是否符合自己的需求，還是最關鍵的因素！」

蘇珊有點好奇，接著問道：「那你的時間因素除了放在括號外的指數位置外，是不是也要放在付出的代價裡面？畢竟時間也是個人珍貴的有限資產，每一項行動都少不了它，有時甚至還得被迫付出！」

「的確沒錯！」艾文用筆點了點右上角的時間指數以及括號內的代價，「時間因素不只是強化了原有的感受，有時還可以改變我們對一件事物的看法。」他接著解釋，若依傳統方式來看，當認定的價值大於或等於代價時，顧客是會願意購買的，而比率的值越大，意願則越高。但如果這兩個數值的比率小於一，那顧客就不願意買了，而且，比率越小，抗拒力就越強。不過有意思的是，這些正向或負向的意願，往往會因為等待時間的加入而被放大或縮小，在某些關鍵點甚至會讓整個意願大轉彎。

「真正的關鍵就在於所付代價中的絕對時間，以及在指數位置的相對時間。」艾文特別強調。「譬如說，當我們去超商買東西時，寧願多花

時間強化客戶當下的感受

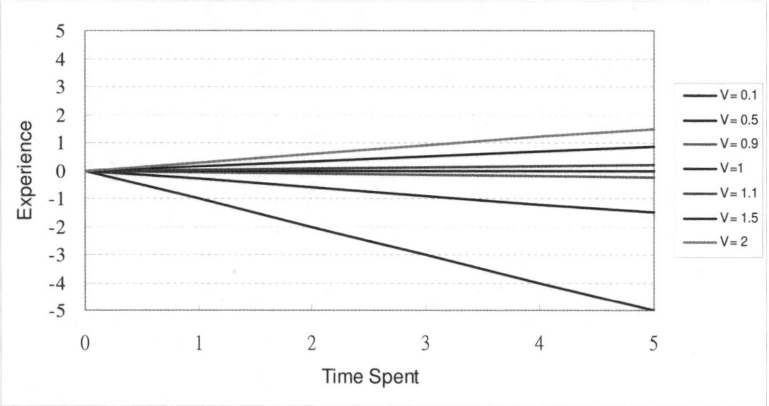

D = (獲得/付出)^T
V = 獲得/付出 ~ CP值
E = Log(D); E>0: F, E<0: NF, E=0: N
D: desire, T: time factor, V: value, E: experience, F: fair, NF: non fair, N: neutral

一些金錢上的代價，犧牲選擇上的多樣化，圖的就是方便、快速。因此在等待的時間上，就期待最好不要有任何的花費，個人付出的時間代價為零。這時，在時間指數為零的情形下，不論括號內價值對代價的比值為何，它一定產生1這個數字，也就是最終的需求慾望D等於1；這代表我們是處於想買的最低臨界狀態。可是一旦因排隊結帳的人太多，讓我們花了不該花的等待時間，這時個人的代價就逐漸上升。倘若我們對商品價值的認定還夠大，或許還可以再忍一小段時間，可是一旦付代價的太多，甚至大過了價值，此時，時間指數就產生推波助瀾的作用，它不但會強化個人原先不滿的情緒，而且會以指數的方式快速增加。這時候，輕則不是忍住一肚子氣、壞了購買的好心情，或者乾脆不買了，重則可能會把怒氣出在店員或其他顧客身上，不是發生口角就是產生肢體衝突。」艾文邊說邊搖頭。

「難怪在超商或速食店的顧客耐心都超不足的，原來是時間的期待不同。」琳達表示，「有時，我只要一看到櫃台前大擺長龍，立即就會掉頭走人，換另外一家去買，免得惹自己不痛快。」

「其實堵在加油站前的車陣或是大賣場內的結帳人潮，也是令人一想到就很抓狂的景況。」聊到這邊，大夥兒都同表贊同。

Sales

銷售 SOP 23

Image

24

製造正向口碑，消費者心意任你左右。

Image

形象 24

產品的求新求變，創造客戶的口碑才是行銷的王道。一味地製造銷售假象只是飲鴆止渴，客戶的信任感一旦流失，你失去的恐怕是永遠都難以追回的代價。好比重視短利的生意人是無法培養出忠誠的客戶群，一旦客戶發現產品的價值低於付出的代價，他們就會一去不返。

「不過很有意思的是，如果是衝著第二天油價會調高，或者大賣場還是百貨公司的降價週年慶而跑去排隊，這些久候的顧客不但不會抱怨自己的時間被浪費，甚至還會沾沾自喜地認為自己做了睿智的決定。有關這部份你又如何解釋？」威廉刻意地向艾文提出挑戰。

「這就是個人對時間期望的不同所產生的差異！」艾文回答。「想想看，這些為了省錢而去排隊的人心中一定有預期心理，知道和自己一樣想去佔便宜的人不在少數，因此即使真的看到現場人山人海，也不會埋怨為何要等這麼久。雖然要付出的時間代價不低，不過和省下的金錢以及得到的成就感相比，影響還是小很多。在括號內的比值大於1的情形下，時間花的越久，想要滿足的需求值反而因時間指數的效果而暴增。也就是說，得來不易的感覺會讓自己更加的珍惜與滿意。」

「我想，這也是許多排隊族的心聲。」蘇珊同意，「我曾看過不少的新聞，描述那些超會排隊的英國人或日本人如何為了要買或是吃一樣東西，不計時間成本的大排長龍，那個情況實在令人印象深刻。」

Image

形象 24

「我想這不只會在英國或日本發生，事實上，全世界任何一個地方都隨時在上演著相類似的戲碼，只是每個購買訴求的重點不同而已。」詹姆士接著補充說道。「事實上也的確如此！大夥兒都曾看過人們會為了吃一頓飯或是某個演唱會而排上幾個小時的隊，為了買一本小說或是手機而排上幾天的隊，甚至為了能在廟中點上一盞光明燈而排上一、兩個月的隊。」

「除了個人所認定的價值遠超過代價，造成因時間的投入而更想獲得外，一起排隊的人也扮演了極重要的角色。」艾文補充，「我記得紅豆餅老伯曾說過，那些排隊買紅豆餅的客人會因為別人的一起參與而萌生更多等待的耐心。這其中除了可用別人的認同來證明自己行為的正當性，也可藉由這種大家目標一致的微妙關係，透過彼此間的相互取暖，持續下去。」

「這或許就是排隊促銷或是飢餓行銷的訴求？」蘇珊略做沉吟，「我知道很多廠商會故意找一堆人來排隊搶購，或是宣布限量產品已經缺貨，甚至謊稱生產線已經塞爆，藉以製造熱銷的假象，讓消費者在誤認搶不到的情形下，失去理智的判斷，成了只要能買到就是贏家的盲從者。」

「處在群眾的壓力下，人們的確會毫無道理的拉高對物品價值上的認知。此時若再加上等待時間的推波助瀾，真的會讓人瘋狂，這也是我第一次買紅豆餅時的慘痛經驗。」艾文無奈地聳聳肩表示，「只是，一旦被發現這種缺貨或延遲是刻意做出來的，像是老人提到的另一攤也賣紅豆餅的店家所用的手法，那麼顧客就會立即掉頭離去。」

「我記得多年前，我剛到一家公司做業務員時，就曾目睹一位老客戶在同事一再保證即將量產的新品可為其帶來驚人的市場契機，苦苦等待樣品多時卻未果時，一夕之間翻臉的慘況。這個結果不但讓同事痛失未來的大訂單，連之前的合作項目都受到影響。我當時搞不清楚，客戶為何會如此絕情？不過我現在了解了，當購買的代價因時間的花費暴漲，購買的價值又因失去信心而大幅下降時，括號內的比值遲早會小於1。一旦超過這個臨界點後，時間指數就會讓客戶的需求慾望D劇降，造成極大的不滿以及訂單的轉移。」對於詹姆市的分享，大夥兒不禁紛紛點頭表示贊同。

On Time

25

「時間」不等人，銷售亦是如此……

On Time

準時 25

業務員需以「時間就是金錢」為念，在拜訪客戶時絕不遲到也不找藉口。如遭遇不可抗拒的因素恐怕會遲到時，更要趕在約會前去電致歉。請謹記，不是我們說了什麼，而是我們做了什麼？遲到就是一種不尊重，沒有任何藉口可以搪塞。

「我在想，這個『紅豆餅時間價值方程式』不只可以用在銷售上，似乎也可以用來解釋許多生活中的現象。」一位名叫傑夫的年輕同事在會議中聽到艾文有關時間因素如何影響購買者意願的解釋後，在茶水間對著正在倒水的詹姆士發表看法。

「的確！買賣說實話只是表達自我意識的一種方式，是可以被分析與操弄的。為了能從買賣獲得利益，自然而然的，顧客的時間就成為許多超級生意人必須重視的項目。不過，我們其實隨時都或多或少地在從事交易，隨時評估自己的獲得是否值得所有的付出。時間是我們珍貴的資源，願意付出多少，就會表現在行為上。」詹姆士表示。

傑夫說自己曾經因為新認識的女孩子讓他多等了半小時，所以就決定不再理會她。也曾站在雨中三小時，只為了等待被塞在車陣中，無法準時到達的女友。換言之，時間指數會因為彼此關係上的深淺與期待，進而產生截然不同的效果。

「哈！這說明了我們的耐心其實和個人的認知有關。難怪有時候等待會讓我覺得度日如年、心浮氣躁，可是有時候我又覺得等待是可以忍受的，這其實和對象是誰，或試想做什麼有著極大的關係。」

「這是一定的！」又有一位剛走進茶水間的客服同事附議。

「像我們就有一個信條用在處理售後服務或是客戶疑難雜症上，一般的客戶能忍受的等待處理時間是零！任何超過這個數字的等待就會開始減損他們認知的價值。為了不讓時間成為價值的殺手，我們還得準備不同的備案，讓等待的客戶嚐點甜頭，藉以降低時間可能引起的不滿風險。不然，讓已經不爽的客戶等太久，絕對會讓我們吃不完兜著走！」

「真的喔？！」

「其實家庭成員間的互動，也深受時間上的影響。」琳達在無意中聽到了茶水間內的對話後，也走進來加入討論。「像父母對子女的叮嚀或是夫妻之間的提醒，對另一方產生的效果就看彼此間的關係及所花的時間而定。許多子女或配偶寧願花時間和同伴們聊天或盯著手機螢幕看東西，也不願意多花半分鐘聽父母或另一半的嘮叨，這就代表著時間使用上的決定，是和自己的認知價值相匹配的。」

「嗯～，難怪我老婆最近老抱怨我花太少時間在她及家人身上，顯然她也有妳所說的，時間願意花在哪裡，就代表哪裡有價值的想法。看來我得改變一下自己的優先順序了。」詹姆士不禁做了一個鬼臉。

當同事們先後走出茶水間後，琳達叫住傑夫並低聲表示，「傑夫，你現在應該知道，下次可別再讓你想交往的女孩子等你了！畢竟對方的期望是你的準時或早到，因此，哪怕是遲到一分鐘也會讓對方受不了的。」

原來傑夫之前曾透過琳達的介紹，認識了一位女孩，沒想到第一次碰面他就遲到了，害得琳達面子上掛不住。

「真不好意思，我現在知道這其中的嚴重性了。遲到代表的是等待方必須多付出的時間代價，以及遲到者的不夠珍惜。在雙方尚未認可彼此間存有值得珍惜的價值前，透過時間指數的效應，是會引起對方極度的不滿的。這是我的不對！請問，我還有機會彌補嗎？」傑夫訕訕地陪著笑臉問道。

Healthy

26

熬夜、拚酒與客戶搏感情？byebye……

Healthy

健康 26

沒有健康的身心，就不會有健康的人生與職涯。優質銷售員的銷售行為會以顧客及自己的健康為要務。健康的身心才能確保生意做得長長久久。

在陽光燦爛的公園略做休息，艾文不禁伸長雙腿，打了一個呵欠。在大家的努力下，新品銷售創下驚人佳績。在過程中所討論出來的五大產品訴求，均被公司列入未來設計及推廣新品的考量重點。至於如何調整大家在工作中的心態，如何有效掌控客戶期望避免心聲不平的感覺，如何善用「時間」這個調味料以增加產品或服務這些主菜的滋味，也在外部顧問們的協助下，建立了一個知識共享的訓練平台，藉此讓更多夥伴能共享成果。

令人興奮的是，這些原本只想用在產品銷售的做法及觀念是可以延伸至其他的領域。由於深入人心這個專案計劃強調的是，人的行為來自於個人的動機高低，而動機的高低，則和自己認為有沒有獲得好處有關，因此，如何發掘每個人重視的需求，以此激發出正向的動機，進而達成工作或生活中想要的結果，就成為了一門值得探討的題目。

蘇珊在個人使命感的趨使下，決定將這套全世界知名的成功企業，包括A公司、F公司、G公司以及BAT三巨頭都在默默使用的方法整理出來，提供給更多人做參考。這套方法不但可以準確提供企業或店家在

Healthy

健康 26

產品訴求上的有效選擇，協助組織提供更精準的服務，也讓主管在領導員工時，有了更佳的互動工具。

「現在我覺得時間指數又在作怪啦！」已接任蘇珊位置的詹姆士不禁在旁邊低聲地嘀咕。

「怎麼說？」艾文詢問。

詹姆士嘆息說道，「我們連紅豆餅老伯的最後一面都沒見到，隨著時間的推移，我想起他的次數是越來越頻繁啦！」原來當艾文他們忙完專案，再次連袂去拜訪老人時，卻被老人的兒子告知，老人因健康不佳已去世好幾個月了。

艾文看著在沙坑中玩耍的小孩表示，「我想老人在最後又教了我們兩件重要的事：要多花點時間給自己，照顧好自身的健康，也要珍惜當下，想去做就做吧，誰知道未來還有沒有機會呢？！」

「這是真的！」

識財經 005

巷子口的賈伯斯：點時成金的秘密

作　者—邢憲生、丁肇玢
封面設計—李思瑤
視覺設計—時報出版美術製作中心（WIND）
主　編—林憶純
行銷企劃—許文薰
董事長
總經理—趙政岷
第五編輯部總監—梁芳春
出版者—時報文化出版企業股份有限公司
10803台北市和平西路三段二四〇號七樓
發行專線—（〇二）二三〇六—六八四二
讀者服務專線—〇八〇〇—二三一—七〇五
（〇二）二三〇四—七一〇三
讀者服務傳真—（〇二）二三〇四—六八五八
郵撥—一九三四四七二四 時報文化出版公司
信箱—台北郵政七九～九九信箱
時報悅讀網—http://www.readingtimes.com.tw
電子郵件信箱—history@readingtimes.com.tw
法律顧問—理律法律事務所 陳長文律師、李念祖律師
印　刷—勁達印刷股份有限公司
初版一刷—二〇一六年六月二十四日
定　價—新臺幣二五〇元
⊙行政院新聞局局版北市業字第八〇號

國家圖書館出版品預行編目(CIP)資料

巷子口的賈伯斯：點時成金的秘密/邢憲生、丁肇玢作.
-- 初版. -- 臺北市：時報文化, 2016.06
200面；14.8*21公分
ISBN 978-957-13-6603-6(平裝)

1.職場成功法 2.時間管理

494.35 105004973

ISBN 978-957-13-6603-6
Printed in Taiwan